图解建筑课堂

建筑结构与构造

[日] 今村仁美　田中美都　著

雷祖康　刘若琪　译

雷祖康　校

中国建筑工业出版社

著作权合同登记图字：01-2013-8552号

图书在版编目（CIP）数据

建筑结构与构造／（日）今村仁美，（日）田中美都
著；雷祖康，刘若琪译. —北京：中国建筑工业出版社，
2018.1
（图解建筑课堂）
ISBN 978-7-112-21652-9

Ⅰ. ①建… Ⅱ. ①今… ②田… ③雷… ④刘… Ⅲ. ①建筑
结构-图解 ②建筑构造-图解 Ⅳ. ①TU3-64 ②TU22-64

中国版本图书馆CIP数据核字（2017）第313402号

Japanese title：図説やさしい建築一般構造
By 今村仁美·田中美都
Copyright © 2009 今村仁美·田中美都
Original Japanese edition
published by Gakugei shuppansha, Kyoto, Japan

本书由日本学艺出版社授权我社独家翻译、出版、发行。

责任编辑：王华月　刘文昕
责任校对：王　瑞

图解建筑课堂
建筑结构与构造
［日］今村仁美　田中美都　著
雷祖康　刘若琪　译
＊
中国建筑工业出版社出版、发行（北京海淀三里河路9号）
各地新华书店、建筑书店经销
北京锋尚制版有限公司制版
北京京华铭诚工贸有限公司印刷
＊
开本：787×1092毫米　1/16　印张：11¾　字数：284千字
2018年8月第一版　　2018年8月第一次印刷
定价：59.00元
ISBN 978-7-112-21652-9
（31297）
版权所有　翻印必究
如有印装质量问题，可寄本社退换
（邮政编码　100037）

前　言

学习建筑结构时，对于基本结构的掌握认识是非常重要的。在经常发生地震的日本，设计抗震结构是基本的要求；除此以外还会要求建筑物整体与各部位构件、构件与构件之间连接部分的安全性能。

然而，由于地震会导致大规模的灾害，因此也需要关注实施结构标准的更新，以及行业间创新发明的新型施工方法和节点等，来学习与这时代相应的知识。

本书中，编写了基本的知识要点，尽可能地增加插图，以便于读者理解，并可作为进一步深化认识的基础。

此外，近年来的建筑师考试，针对建筑物安全性的命题也与日俱增。因此，在本书中也尽可能选取关于作用在建筑物整体与构件受力的状况进行说明。

因此，对于刚踏入建筑行业工作、与即将面对建筑师考试的人们而言，期望本书能够带给你们些许的帮助。

作者代表　今村仁美

※关于本书的文字

· 蓝色的文字，主要是针对建筑师考试，以关键词的形式展现。

· 黑框文字，主要作为补充说明。

·【 】表示建筑标准法的法令条文。

※本书所参照的标准，主要为以下的标准：

· 建筑标准法（施行令，也包含告示）

　　　建筑标准法第○条第○项第○号 ⇒ 法○条○项○号

　　　建筑标准法施行令第○条第○项第○号 ⇒ 令○条○项○号等

· 各种施工标准说明书（JASS，日本建筑学会）

· 各种设计规范（日本建筑学会）

· 各种设计导则（日本建筑学会）等

目 录

第1章 作用在建筑物上的力与结构设计

一般在建造建筑物时，会使用当地的材料（木材、石材与砖等）或由过去所发明的材料（玻璃、铁与混凝土等）。因此，建筑的建造方法和设计也会因不同的地域、文化发展特性与时代差异而有所不同。

现在，我们一起来认识历史上著名的建筑吧！

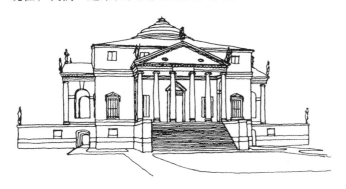

砌体结构

圆厅别墅

意大利（维琴察）

1566~1567年

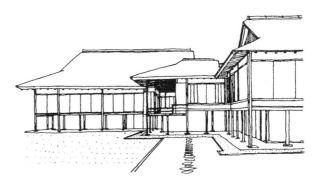

木结构

桂离宫

日本（京都府）

1615~1624年

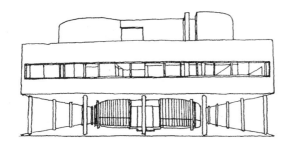

钢筋混凝土结构

萨伏伊别墅

法国（普瓦西）

1929~1931年

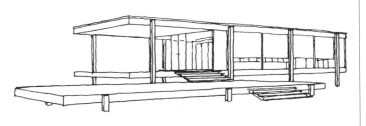

钢结构

范思沃斯住宅

美国（芝加哥郊外）

1951年

为了能让我们在建筑物内安心居住，建筑物须具备安全性。下面通过基本的图例来认识作用在构件的作用力关系，以及如何形成稳定的结构。

◎ 建造建筑物时构件间的连结方法，主要可分成两种。其特征如下所示：

※ 关于构件的变形弯曲可忽略不计。

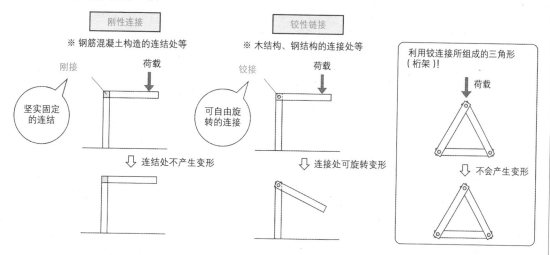

◎ 当构件组装成墙壁（框架）后，施加作用力可能会导致变形，以下图示可产生稳定的方式。

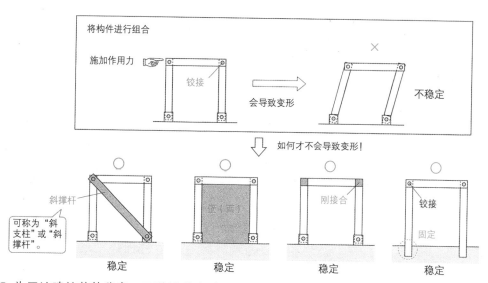

◎ 为了让建筑整体稳定，可装设稳定壁，所产生的效果如图所见。

由于建筑物有窗户等开口，而无法将墙壁全部设置成稳定壁。因此，应将按实际情况均衡地配置。

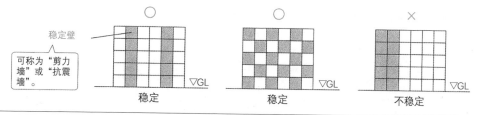

1 作用在建筑物上的力

对于建筑物，除了会有本身的自重外，还会受到其他作用力的作用。

其他作用力会对建筑物的安全需求形成影响。

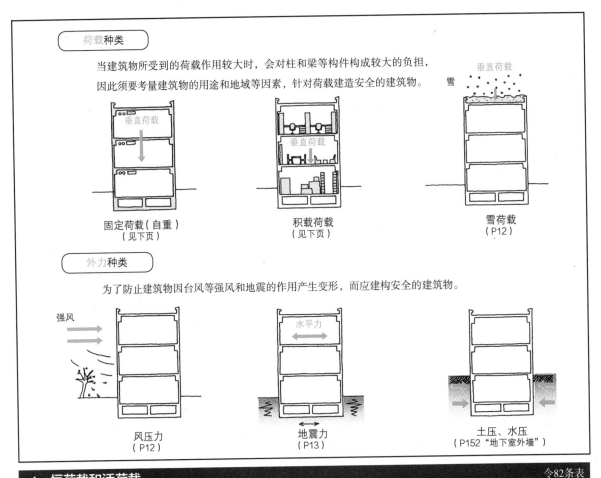

荷载**种类**

当建筑物所受到的荷载作用较大时，会对柱和梁等构件构成较大的负担，
因此须要考量建筑物的用途和地域等因素，针对荷载建造安全的建筑物。

| 固定荷载（自重） | 积载荷载 | 雪荷载 |
| （见下页） | （见下页） | （P12） |

外力**种类**

为了防止建筑物因台风等强风和地震的作用产生变形，而应建构安全的建筑物。

| 风压力 | 地震力 | 土压、水压 |
| （P12） | （P13） | （P152 "地下室外墙"） |

1 恒荷载和活荷载

令82条表

建筑物的荷载：可分成长时间持续作用的"恒荷载"，与临时作用的"活荷载"。

	力的作用状态	一般情况	多雪区域的情况
恒荷载	长时间	（G+P）	（G+P）
	积雪时		（G+P）+0.7S
活荷载	积雪时	（G+P）+S	（G+P）+S
	暴风时	（G+P）+W	（G+P）+W
			（G+P）+0.35S+W
	地震时	（G+P）+K	（G+P）+0.35S+K

G：固定荷载　　W：风压力
P：积载荷载　　K：地震力
S：积雪荷载

活荷载 = 恒荷载 + ·积雪荷载 ·风压力 ·地震力 而有所不同！

※ 风压力与地震力，并非同时作用，须分开
进行计算。

关于对建筑物所产生作用的实际作用力（应力（P14）），以下为计算方法！

1-1 固定荷载（自重）

令84条

固定荷载：为建筑主体（柱、梁、墙与楼板等）与装修材料的重量（自重）。

固定荷载能通过材料的重量和面积求得。

> 固定荷载 = 相当单位面积的重量 × 各部分面积

⇩

当所使用的材料越重或面积越大时，固定荷载就会越大！

※ 若为坚固而加大各构材的截面大小，则会导致建筑物的负担增加，因此需要均衡设置。

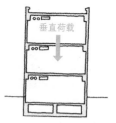

垂直荷载

1-2 积载荷载

令85条

积载荷载：根据建筑用途，预测人、家具和设备等的荷载。

由于室内空间的用途不同，所拥有的积载也会有所不同，积载荷载须根据各自的用途来估算。

因此，楼板、梁、柱等构件的计算，应按构件不同的相应数据来计算。

> 积载荷重 = 平均单位面积的荷重 × 室空间的楼地板面积

应针对室空间的用途，来查核构造计算各构件的估算值

⇩

垂直荷载

室空间种类		构造计算对象 楼板	大梁、支柱、地基	地震力
（1）	住宅的起居室、住宅以外建筑物的居住空间或病房	1800	1300	600
（2）	办公室	2900	1800	800
（3）	教室	2300	2100	1100
（4）	百货商店或店铺商场	2900	2400	1300
（5）	使用在剧场、电影院、观赏台、公共礼堂、会场等建筑物的座位席或会议室 固定席	2900	2600	1600
	其他情况	3500	3200	2100
（6）	汽车车库、汽车通道	5400	3900	2000
（7）	走廊、玄关、楼梯	与（3）～（5）所列举的相关联时，可参照（5）"其他情况"的数值		
（8）	屋顶广场、阳台	可参照（1）的数值。但是，建筑作为学校或百货商店的用途时，则参照（4）的数值		

◎ 仓储业所设仓库楼地板面积的积载荷载　　　　　（单位：N/㎡）

当所核算的数值未满3900N/㎡时，应按3900N/㎡来计算。

※仓库可设定为积载荷载均布分布的状况，积载荷载较少会产生不利的偏移。

◎ 计算由柱、地基的垂直荷载所引起的压力的折减率

可根据所支撑楼板的数量来折减

> 所支撑的楼板数量为2：0.95（折减率95%）
> 所支撑的楼板数量为3：0.9
> ⋮
> 所支撑的楼板数量为9：0.6（当楼板数量超过此值以上，折减率不可低于0.6）

也就是积载荷载可顺应数量增加而折减5%！

※此外，上表（5）栏用途（剧院、电影院等）的场合，不可折减。

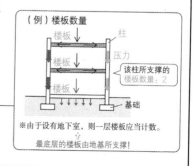

（例）楼板数量

楼板　柱　压力　楼板　楼板　基础

该柱所支撑的楼板数量：2

※由于设有地下室，则一层楼板应当计数。

⇩

最底层的楼板由地基所支撑！

1-3 雪荷载

雪荷载：为当地所预估的积雪量（雪的荷重）。

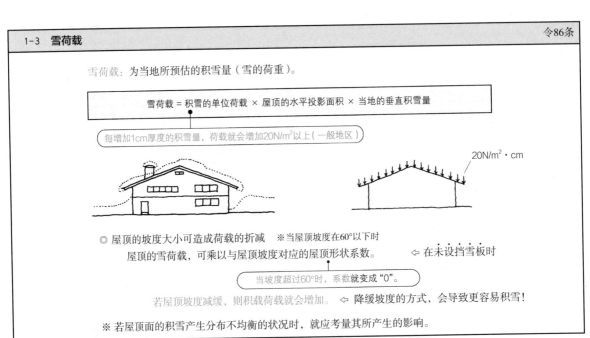

雪荷载 = 积雪的单位荷载 × 屋顶的水平投影面积 × 当地的垂直积雪量

每增加1cm厚度的积雪量，荷载就会增加20N/m² 以上（一般地区）

$20N/m^2 \cdot cm$

◎ 屋顶的坡度大小可造成荷载的折减　※当屋顶坡度在60°以下时
屋顶的雪荷载，可乘以与屋顶坡度对应的屋顶形状系数。　⇦ 在未设挡雪板时

当坡度超过60°时，系数就变成"0"。

若屋顶坡度减缓，则积载荷载就会增加。 ⇨ 降缓坡度的方式，会导致更容易积雪！

※ 若屋顶面的积雪产生分布不均衡的状况时，就应考量其所产生的影响。

1-4 风压力

风压力：由于台风等强风，对建筑所造成的压力。

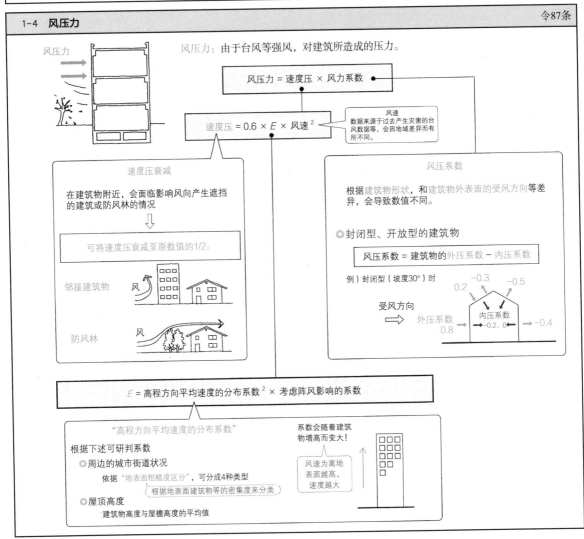

风压力 = 速度压 × 风力系数

速度压 = $0.6 \times E \times 风速^2$

风速
数据来源于过去产生灾害的台风数据等，会因地域差异而有所不同。

速度压衰减

在建筑物附近，会面临影响风向产生遮挡的建筑或防风林的情况
⇩
可将速度压衰减至原数值的1/2。

邻接建筑物　风

防风林　风

风压系数

根据建筑物形状，和建筑物外表面的受风方向等差异，会导致数值不同。

◎封闭型、开放型的建筑物

风压系数 = 建筑物的外压系数 − 内压系数

例）封闭型（坡度30°）时

0.2　−0.3　−0.5

受风方向
⇨
外压系数 0.8　内压系数 −0.2、0　−0.4

$E = 高程方向平均速度的分布系数^2 × 考虑阵风影响的系数$

"高程方向平均速度的分布系数"
根据下述可研判系数
◎周边的城市街道状况
依据"地表面粗糙度区分"，可分成4种类型
根据地表面建筑物等的密集度来分类
◎屋顶高度
建筑物高度与屋檐高度的平均值

系数会随着建筑物增高而变大！

风速为离地表面越高，速度越大

地震力：地震时建筑物摇晃所产生的水平作用力（地震力）。

地上层情况

作用在各楼层的水平力，称为"地震层剪力"。

各楼层的地震层剪力 = 各层建筑物的荷载 × 各层地震层剪力系数

由于下层要承当上层的所有荷载，因此越下层荷载就会越大！

（雪荷载）

二楼 A = 固定荷载 + 积载荷载	二楼荷载 = A（ + 雪荷载） ⇅ 仅二楼荷载
一楼 B = 固定荷载 + 积载荷载	一楼荷载 = A+B（ + 雪荷载） ⇅ 一楼+二楼荷载

水平力

地震

①　　　②　　　③　　　④
地震层剪力系数 = 地域系数 × 振动特性系数 × 高程方向地震层剪力系数的分布系数 × 标准剪力系数

① 地域系数：根据过去的地震记录而制定的地域折减系数

地域系数：0.7~1.0

② 振动特性系数：由建筑物特征周期与地基坚硬度来决定折减系数。

建筑物特征周期：建筑物左右摇摆一次所需的时间

以摆锤的摆动示例！

松手　　摆向左侧　　摆回来

特征周期

当建筑摇摆小到与地震的周期重合（共振）时，就会引发更大幅度地摇摆。

⇩ 倘若建筑物大幅度缓慢地摇摆，则会对抗震有利！

特征周期越长，则振动特性系数就会越小。

地基坚硬度

大　　振动特性系数　　小

软弱地基　　　　硬质地基

地基越软摇动越大，则对于抗震不利！

减少振动特性系数的因素
也就是增加建筑物大幅度缓慢摆的因素！

· 建筑物很高
· 建筑物柔软（钢结构等）

③ 高程方向地震层剪力系数的分布系数：会应高度变化的系数

摆幅越大，则系数越大！

楼层越高，则摇晃越大。⇨分布系数也就越大。

④ 标准剪力系数

标准剪力系数：0.2　⇨为1次设计（P16）时
（2次设计时，则为1.0以上）

※ 若指定区域为软弱地基且为木结构建筑，则系数为0.3以上。

分布系数

大

小

地下情况

地下地震层剪力 = 地上地震层剪力 + 地下荷载 × 地下水平震度值

当地下深度达到约20m时，深度越深则水平震度值越小。

2　应力与容许应力

当应力计算时，应（相互）比较应力与容许应力，并确认应力小于容许应力。

※ 两者须分别与恒荷载和活荷载（P10）相互对应。

【应力】

结构的主要构件（柱、梁、楼板等），可通过建筑规模和特性分别进行计算。当荷载、外作用力产生均衡时，材料内部所产生的作用力。

应力是因荷载和外作用力而产生的数值！

这样的结果！

安全

【容许应力】

当有应力产生时，结构内的主要各种构件（柱、梁、楼板等），所能容许承受的最大作用力。

当超过这个数值时，就有可能会引发建筑破坏！

（实际还要考虑安全率等因素，并非马上就产生破坏。）

容许应力值会因材料而有所不同！

产生于构件内部的各种作用力

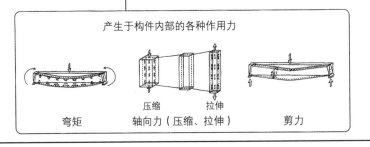

弯矩　　　　压缩　　拉伸　　　　剪力
　　　　　　轴向力（压缩、拉伸）

应牢牢掌握并理解应力与容许应力的关系！

作用力的相关用语说明　重点！

外作用力和反作用力

外作用力（荷载）：从外部产生作用的力
反作用力：试图恢复维持原状的力

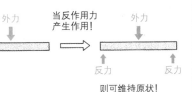

外力　　当反作用力产生作用！　外力

反力　　反力

则可维持原状！

若无反作用力

外力

则无法维持原状。

作用力、应力与单位应力　※ 作用力可分成"恒荷载"和"活荷载"。（参照P10）

作用力（外作用力）：从外部产生作用的力

┌ 应力　　　　：作用在构件内部截面上的力
└ 单位应力　　：作用在构件内部截面上单位面积的作用力

$$单位应力 = \frac{应力}{截面积}$$

┌ 容许应力　　：对于作用在构材内部截面上的作用力（应力），构件材料所能够容许承受的最大应力。
└ 容许单位应力：对于作用在构材内部截面单位面积的作用力（单位应力），构件材料所能够容许承受的最大应力。

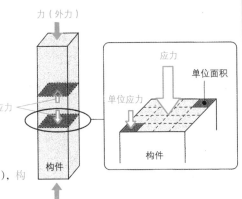

力（外力）

应力

单位面积

单位应力

构件

力（反力）

2 针对地震的对策

1 地震历史与法律制定

在日本，地震发生的频率比较高，直到现在也经常会出现由于地震而造成的建筑物毁损。
每当地震发生后，人们都会重新审视建筑的安全性，并采取对策。

日本大规模地震的历史

地震及其他相关事件	《建筑标准法》及其他规范的制定与修正
1923　关东大地震（M7.9）	1920　制定建筑标准法前身的《市街地建筑物法》
1948　福井地震（M7.2）	1950　制定《建筑标准法》（市街地建筑物法废止） ※ 修订设计震度
1964　新潟地震（M7.5）	
1968　十胜冲地震（M7.9）	
1978　宫城县冲地震（M7.4）	1981　制定《新抗震设计法》
1993　北海道西南冲地震（M7.8）	
1995　兵库县南部地震（M7.3） 阪神淡路大地震	1995　制定《抗震修复促进法》
	2001　实施《品确法性能表示制度》
2005　抗震强度造假事件	2006　修正《抗震修复促进法》
2007　能登半岛地震（M6.9）	2007　修正《建筑标准法》

（M：震级）

每当大规模地震发生后，日本的《建筑标准法》就会被修订。因而，日本制定了针对抗震对策的
《抗震修复促进法》。

估计今后不仅是地震，伴随着自然灾害及其他事件问题的浮现，均可作为法令修改和新法令制定
的参照。

※ 在《抗震修复促进法》中规定，应针对聚集人数众多的建筑物使用者，进行抗震修复的推广指
　 导，以力图提高建筑物应对地震的安全性。

当地震发生时，地基震动会传达至建筑物，因此水平力
（地震力）会对建筑物产生影响。

针对抗震安全而设计的建筑物，须就所在地基的土地特性
计算出地震力（P13）后，再针对数值的安全范围进行设计。

当地震发生时建筑物晃动的示例

水平力

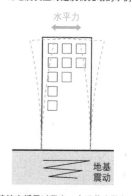

地基
震动

建筑在摇晃过程中，会吸收水平力。

2 设计抗震建筑时的注意事项

2-1 与地震规模相关的结构计算种类

根据建筑规模而进行结构计算，可使得人们能安心在建筑物内居住。

> **对应地震规模的结构计算**

- ・单位应力计算：中规模以下的地震   ⇦ 1次设计
- ・单位容许应力计算：中规模以下的地震   ⇦ 1次设计 ※包括一部分的2次设计
- ・可承载的水平耐力计算：中规模、大规模的地震   ⇦ 2次设计 ※包括一部分的1次设计
- ・极限耐力的计算：中规模、大规模的地震
- ・历时分析：中规模、大规模的地震

2-2 1次设计和2次设计

※ 1次设计、2次设计为通称，一般均采用这说法，本书也采用这说法。

> **1次设计**

在面对较少发生的中规模以下地震时，建筑物不致产生裂缝或破损。

> **2次设计**

在面对极少发生的大规模地震时，**即使建筑蒙受较大损伤，也至少能确保人员的避难时间，并维持较强的弹性。**

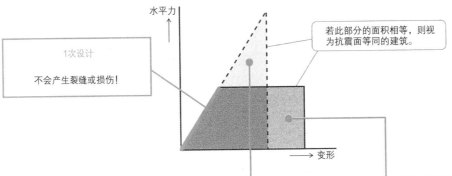

> 1次设计
> 不会产生裂缝或损伤！

> 若此部分的面积相等，则视为抗震面等同的建筑。

水平力

变形

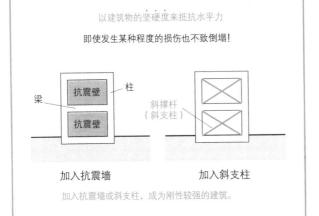

2次设计

以建筑物的坚硬度来抵抗水平力

即使发生某种程度的损伤也不致倒塌！

梁   抗震壁   柱

抗震壁

斜撑杆（斜支柱）

加入抗震墙   加入斜支柱

加入抗震墙或斜支柱，成为刚性较强的建筑。

2次设计

以建筑物的柔韧性来吸收水平力

即使发生某种程度的损伤也不致倒塌！

增加充足的柔韧性

增加较强的弹性，成为柔韧弹性的建筑。

◎ 1次设计、2次设计的流程

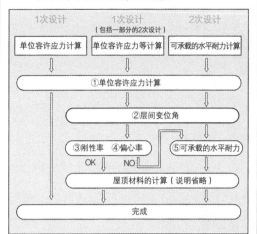

1次设计	1次设计 （包括一部分的2次设计）	2次设计
单位容许应力计算	单位容许应力等计算	可承载的水平耐力计算

①单位容许应力计算

②层间变位角

③刚性率　④偏心率　⑤可承载的水平耐力

OK　　NO

屋顶材料的计算（说明省略）

完成

※ 当建筑物高度超过31m时，则可省略可承载的水平耐力或极限耐力的核算。

---

①单位容许应力核算

就恒荷载与活荷载（P10）各别核算出对应构材的单位应力，并确认低于单位容许应力。

单位应力＜单位容许应力

---

②层间变位角【令82条之2】

可确保面对地震力的水平刚度。

$$层间变位角 \leq \frac{1}{200}$$

第一层的层间变位角：$\dfrac{a_1}{h_1}$

第二层的层间变位角：$\dfrac{a_2}{h_2}$

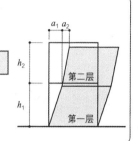

---

③刚性率（抗扭刚度）【令82条之6】

在面对地震力时，高程方向刚性分布的平衡关系。

$$各层的刚性率（抗扭刚度）\geq \frac{6}{10}$$

※ 抗震壁（剪力墙）在各层须均衡设置。

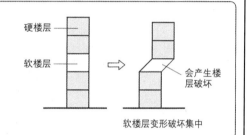

硬楼层　软楼层　会产生楼层破坏

软楼层变形破坏集中

---

④偏心率【令82条之6】

在面对地震力时，平面刚性分布的平衡关系。

$$各层偏心率 \leq \frac{15}{100}$$

建筑物重心与刚心间距（偏心距离）离得越大，建筑物整体所产生的扭转就越大。

※ 抗震壁（剪力墙）在平面上须均衡设置。

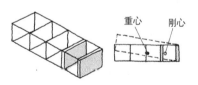

重心　刚心

重心：建筑物的质量中心
刚心：会导致建筑物在承受水平力时，产生扭转的扭转中心。

⇩

尽量缩短建筑物的重心与刚心间距。

---

⑤可承载的水平耐力（2次设计）【令82条之3】

在面对极少发生的大地震时，可确保建筑物安全而具有的足够耐力。

可承载的水平耐力：针对各层水平力时所需的耐力。

各层水平力所需耐力≥必要可承载的水平耐力

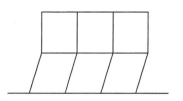

减轻屋顶构材重量，也能有效地抗震。　⇦ 当屋顶重量较重而遭受水平力作用时，建筑物会摇晃加剧。

3 有效抗震的其他构造

3-1 减振构造

减振构造：在建筑物内设置控制振动的减震阻尼器，可减少摇晃。

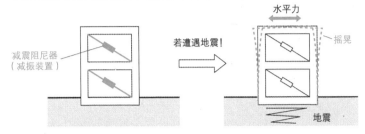

由于减震阻尼器可吸收地震能量，可使得柱和梁等的负担减轻。

※ 减震阻尼器可连接在上层（楼板）与下层之间，也可设置在屋顶。

3-2 隔震构造

隔震构造：在建筑底侧设置可向水平方向产生变形的叠层橡胶装置，以减轻从地基传播的水平力。

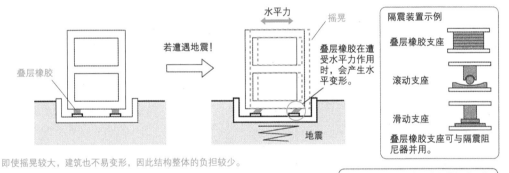

即使摇晃较大，建筑也不易变形，因此结构整体的负担较少。

由于建筑物的固有周期（P13）较长，因此就难以和地震波的周期重合！ ← 一旦建筑物的固有周期与地震波周期重合时，建筑就会摇晃加剧！

4 抗震加固所需的建筑物诊断

针对已建成的建筑物，可进行"抗震诊断"来确认建筑物的安全性。

抗震诊断种类

◎1次诊断：低层建筑物

　　从柱和墙壁数量的平衡，来评价抗震性能。

◎2次诊断：中层以下的建筑物

　　增加1次诊断的内容，从柱、墙壁、混凝土的强度等，来估计推
　　定建筑物的强度与韧性，以判定抗震性能。
　　※ 在2次诊断中，梁未被作为诊断对象！

◎3次诊断：高层建筑物

　　增加2次诊断的梁和地基等内容，进行更详细的核算，以判定抗震性能。

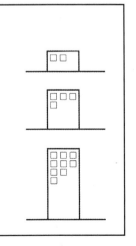

3　建筑整体的结构设计

1　建筑结构分类

适用于现代建筑物的结构，主要分成4类。

可根据其各自特征，选择适当的结构进行设计。

① 骨架构成结构

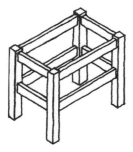
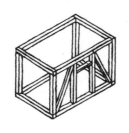

a. 刚架结构　　　　b. 框架结构

普遍常见的结构
主要用途：多使用于单栋住宅、集合住宅、办公大楼等建筑物。

主要结构
·木结构
·钢筋混凝土结构
·钢结构
·钢结构–钢筋混凝土结构　等

② 剪力墙构成结构

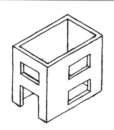

a. 剪力墙结构　　　　b. 框架剪力墙结构

适用于小型建筑、不希望看到柱和梁等的结构。
※ 由于未设柱和梁，因此空间可有效地利用。
主要用途：使用于单栋住宅、小型集合住宅等。

主要结构
·木结构（框架墙结构）
·钢筋混凝土结构　等

③ 桁架结构

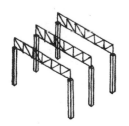
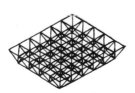

a. 平面桁架结构　　　　b. 立体桁架结构

适用于必须设置较大空间的结构。
主要用途：适用于体育馆、厂房等

主要结构
·木结构
·钢筋混凝土结构（屋顶部分等）
·钢结构　等

④ 叠砌结构

适用于小型建筑物的结构。

主要结构
·砖结构
·混凝土砌块构造
·混凝土砌块结构加固　等

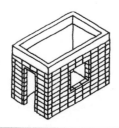

※ 在无地震的国家，可使用于大型建筑物。

2　结构设计

2-1　构筑建筑物的构件

◎ 关于跨度的注意问题

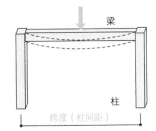

梁

当设计大跨度梁时，不仅要考量强度，也应当针对扭曲和振动进行检核。

跨度（柱间距）

柱

◎ 细长构件的注意问题

当柱等细长构材在垂直方向承载受力时，不仅要考虑强度，也应当针对屈曲进行检核。

柱

2-2　关于建筑形状的注意事项

不利于构造的平面形状

L形的方向性不同会使得建筑物的平衡变差！

⇩　对策方法

设置伸缩缝
将平面分割成为几个单元块再组合

※ 进行构造计算时，应作为单独建筑进行个别计算。

会造成应力集中

形成裂缝的原因

⇩

分割

设置伸缩缝可将结构分割

底层架空层的场合

可抵抗地震的抗震墙，未设在这层时

⇩

注意会产生该层的层间破坏！

※ 剪断破坏（P117）所引发的层间破坏最危险！

例）一层为底层架空层时

在竖向高度产生高低差时，也须设置伸缩缝。

▽GL

若发生地震

⇒

柱　底层架空层

层间破坏

对策
· 增加柱强度
· 提高柔韧性
等等

2-3　组合结构建筑物的安全认定

※ 组合结构，一般也为混合构造。

组合结构建筑物：将不同种构造结构组合建造而成的单幢建筑物。

◎ 须针对个别构造计算荷载与外作用力、单位容许应力、层间变位角、刚性率、偏心率等。

◎ 进行不同种类构造连接部位的结构计算。

◎ 针对规模较大的建筑物，必须进行2次设计等的结构计算。

组合的示例

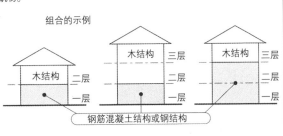

木结构　二层

木结构　三层　二层　一层

木结构　三层　二层　一层

钢筋混凝土结构或钢结构

第2章 木结构

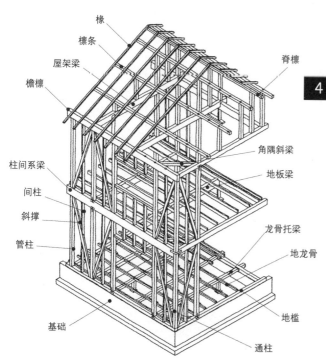

椽

檩条

屋架梁

檐檩

柱间系梁

间柱

斜撑

管柱

基础

脊檩

角隅斜梁

地板梁

龙骨托梁

地龙骨

地槛

通柱

1 木材

木材特点

建筑用材

木材，可分成针叶树与阔叶树材。在日本各地所生产的木材称为"国产木材"，从东南亚、加拿大、美国等国家进口的木材称为"进口木材"。

针叶树材：由于树干长直，加工性能良好，多使用作为柱、梁等结构材料与和室的装饰加工材等。

※由于材质较软，也称为"软木"。

※松、桧柏、铁杉、杉等。

阔叶树材：木材纹理美丽、材质坚硬、强度较大，加工较为困难。

为装饰加工的构造材料，多用在拉门隔扇、家具等。

※由于材质坚硬，也称为"坚木"或"硬木"。

※榉树、樱木、栗树、柳桉木、橡木等。

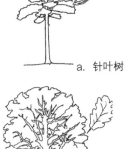

a. 针叶树

b. 阔叶树

木材的燃点温度

燃点温度：260℃

自燃燃点温度：约450℃

没有引燃，而自燃着火！

若能及早灭火，就可防止建筑物崩毁坍塌。

※当木材燃烧时，表面会产生碳化层。截面较大的木材，全部燃烧耗尽所需较长的时间。

1 木材的组织

① 木材的树干

树干为由髓心、木质部、形成层和树皮所构成。木质部可分成髓心侧的心材（红木心）与树皮侧的边材（白木质）。因此，木材的横切面（年轮方向）、弦切面（圆周方向）、径切面（纤维方向）均具有不同的特性。

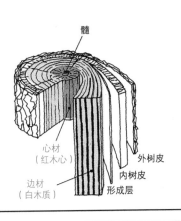

髓

心材（红木心）

边材（白木质）

外树皮

内树皮

形成层

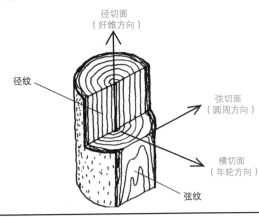

径切面（纤维方向）

径纹

弦切面（圆周方向）

横切面（年轮方向）

弦纹

比较下心材与边材吧！

· 蚁害　　　　　　　　　　　：边材容易遭受危害。

· 腐朽度（易腐朽程度）　　：边材容易产生腐朽。

· 干燥产生的收缩、变形　　：边材的收缩和变形较大。

⇩

在构造应用时，柱等构材采用心材具有良效！

例）柱截面

心材

边材

髓

含有髓（木心）者，称为"含髓心材"。

未含髓（木心）者，称为"去髓心材"。

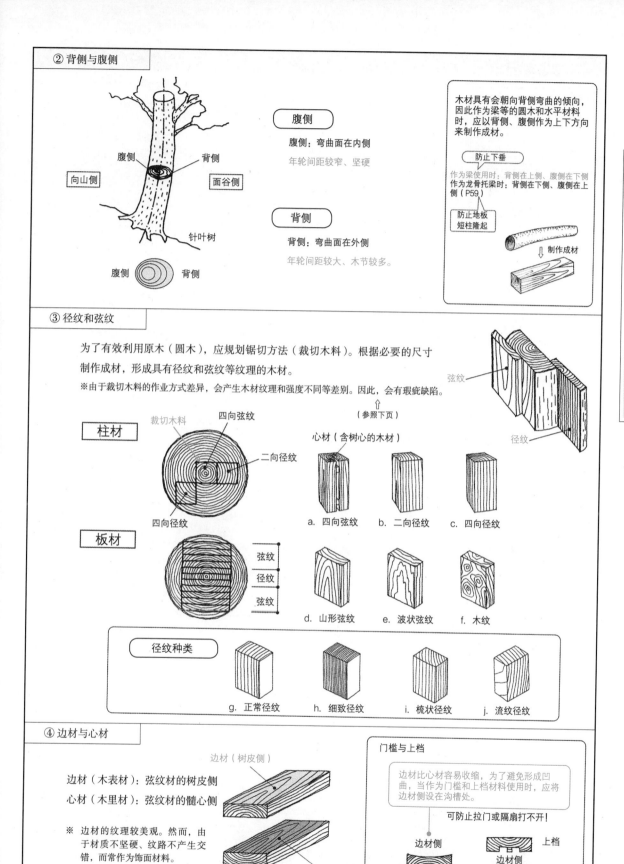

② 背侧与腹侧

木材具有会朝向背侧弯曲的倾向，因此作为梁等的圆木和水平材料时，应以背侧、腹侧作为上下方向来制作成材。

腹侧

腹侧：弯曲曲面在内侧
年轮间距较窄、坚硬

背侧

背侧：弯曲曲面在外侧
年轮间距较大、木节较多。

腹侧　背侧
向山侧　面谷侧
针叶树
腹侧　背侧

防止下垂

作为梁使用时：背侧在上侧、腹侧在下侧
作为龙骨托梁时：背侧在下侧、腹侧在上侧（P59）

防止地板短柱隆起

⇩ 制作成材

③ 径纹和弦纹

为了有效利用原木（圆木），应规划锯切方法（裁切木料）。根据必要的尺寸制作成材，形成具有径纹和弦纹等纹理的木材。

※由于裁切木料的作业方式差异，会产生木材纹理和强度不同等差别。因此，会有瑕疵缺陷。
（参照下页）

弦纹
径纹

柱材

裁切木料　四向弦纹
二向径纹
四向径纹
心材（含树心的木材）

a. 四向弦纹　　b. 二向径纹　　c. 四向径纹

板材

弦纹
径纹
弦纹

d. 山形弦纹　　e. 波状弦纹　　f. 木纹

径纹种类

g. 正常径纹　　h. 细致径纹　　i. 梳状径纹　　j. 流纹径纹

④ 边材与心材

边材（木表材）：弦纹材的树皮侧
心材（木里材）：弦纹材的髓心侧

※ 边材的纹理较美观。然而，由于材质不坚硬、纹路不产生交错，而常作为饰面材料。

边材（树皮侧）
心材（髓心侧）
木材断口

门槛与上档

边材比心材容易收缩，为了避免形成凹曲，当作为门槛和上档材料使用时，应将边材侧设在沟槽处。

可防止拉门或隔扇打不开！

边材侧　　　　　上档
边材侧　　　　　门槛
心材侧

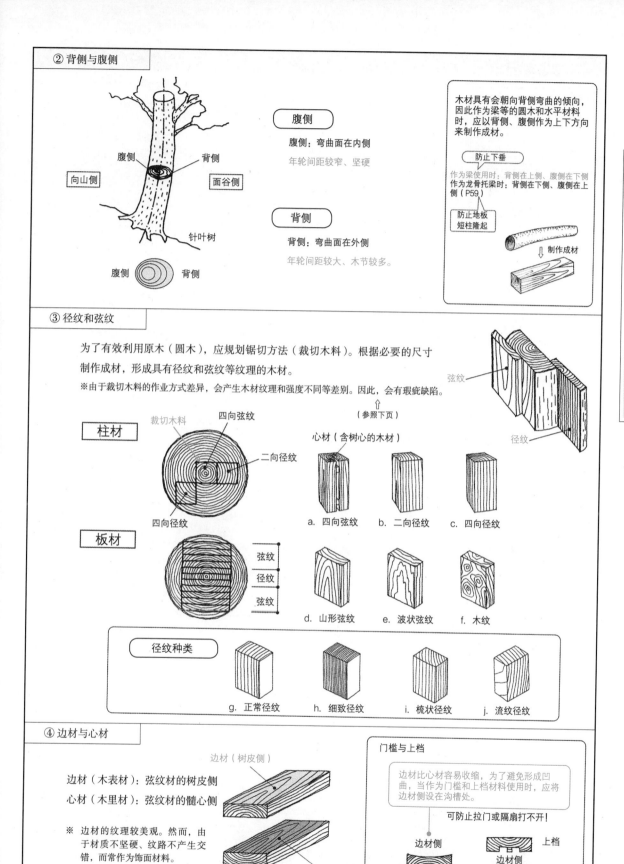

第2章　木结构　**1** 木材

23

① 含水率　　※含水率：木材内所含水分的量

由于木材干燥后强度会增加，因此作为建筑材料须使用十分干燥的材料。除此之外，维
持干燥状态也是非常重要的。

（参照下页的"② 强度"）

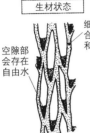

| 生材状态 | 纤维饱和状态 | 气干状态 | 绝干状态 |

空隙部会存在自由水

细胞壁由于结合水而处于饱和状态

细胞壁由于结合水而处于饱和状态

空隙部

结合水为与大气中的湿度处在平衡状态

仅残留少许结合水的状态

干燥前的状态
（含水率为超过100%时）

含水率：25%～30%

含水率：12%～19%（15%）

含水率：0%

气干含水率：为置放在大气中的木材，处在
气干状态时的含水率。

作为建筑用材，较可能达到这种状态。
（作为构造用材，须选用含水率为20%以下的木材。）　⇦（设计规范）

② 变形

木材会因含水率的增减，而产生膨胀、收缩。因此，由于木料部位与纤维方向的差异，以及所产
生的膨胀、收缩率不同，而导致建筑物各部位产生裂隙、松弛、扭转等的瑕疵缺陷。

変形特征

◎ 由于干燥所产生的变形

· 木表材 ＞ 木里材　（参照前页）
· 边材 ＞ 心材　　　（参照P22）
· 阔叶树 ＞ 针叶树

◎ 对于木材方向性的变形

径切面（纤维方向）＜横切面（年轮方向）＜弦切面（圆周方向）（参照P22）

最大膨胀收缩率 ⇨ （0.1%～0.3%）　　　（2%～5%）　　　（5%～10%）

瑕疵缺陷示例

a. 弯曲（长向弯曲）

b. 反翘（板面弯曲）

c. 宽面反翘（宽面弯曲）

d. 扭转

木材缺陷　　※须注意会降低强度

年轮开裂

髓心开裂

星状裂纹

a. 裂纹

缺角方木

木切口开裂

缺角方木：原木表面有残缺的部分，会形成截面缺损与外观的缺陷。

d. 缺角方木与木切口开裂

纤维歪斜（切割纹路）

导致强度降低与缺陷的原因。

e. 纤维歪斜

导致强度降低的原因。

f. 腐朽

树皮夹在年轮内，而长入树干。

b. 夹皮

年轮的一部分异常生长，在显著的干燥收缩后会产生较大的变形。

c. 应压木

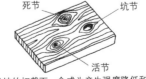
死节　　　坑节

活节

节是枝的切截面，会成为产生强度降低和影响外观美丑的因素。
※木节的种类：活节、死节、坑节、腐节等。

g. 木节

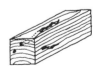
存在虫穴，导致强度降低的原因

h. 虫蛀

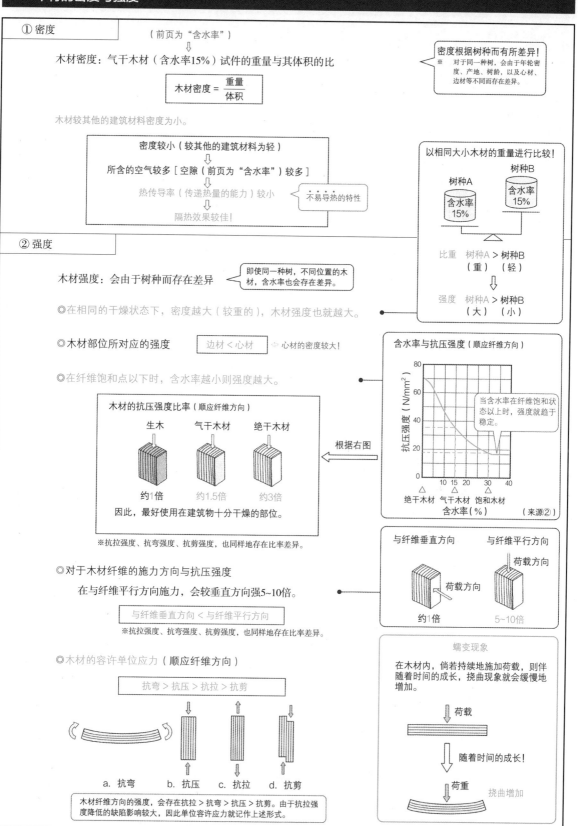

① 密度

（前页为"含水率"）

木材密度：气干木材（含水率15%）试件的重量与其体积的比

$$木材密度 = \frac{重量}{体积}$$

木材较其他的建筑材料密度为小。

密度较小（较其他的建筑材料为轻）
↓
所含的空气较多［空隙（前页为"含水率"）较多］
↓
热传导率（传递热量的能力）较小　← 不易导热的特性
↓
隔热效果较佳！

密度根据树种而有所差异！
※ 对于同一种树，会由于年轮密度、产地、树龄，以及心材、边材等不同而存在差异。

以相同大小木材的重量进行比较！

树种A　树种B
含水率15%　含水率15%

比重　树种A ＞ 树种B
（重）　（轻）
↓
强度　树种A ＞ 树种B
（大）　（小）

② 强度

木材强度：会由于树种而存在差异　← 即使同一种树，不同位置的木材，含水率也会存在差异。

◎ 在相同的干燥状态下，密度越大（较重的），木材强度也就越大。

◎ 木材部位所对应的强度　边材 ＜ 心材　⇨ 心材的密度较大！

◎ 在纤维饱和点以下时，含水率越小则强度越大。

木材的抗压强度比率（顺应纤维方向）

生木　气干木材　绝干木材

约1倍　约1.5倍　约3倍

因此，最好使用在建筑物十分干燥的部位。

※抗拉强度、抗弯强度、抗剪强度，也同样地存在比率差异。

根据右图 ←

含水率与抗压强度（顺应纤维方向）

当含水率在纤维饱和状态以上时，强度就趋于稳定。

绝干木材　气干木材　饱和木材

含水率（%）　（来源②）

◎ 对于木材纤维的施力方向与抗压强度

在与纤维平行方向施力，会较垂直方向强5~10倍。

与纤维垂直方向 ＜ 与纤维平行方向

※抗拉强度、抗弯强度、抗剪强度，也同样地存在比率差异。

与纤维垂直方向　与纤维平行方向

荷载方向　荷载方向

约1倍　5~10倍

◎ 木材的容许单位应力（顺应纤维方向）

抗弯 ＞ 抗压 ＞ 抗拉 ＞ 抗剪

a. 抗弯　b. 抗压　c. 抗拉　d. 抗剪

木材纤维方向的强度，会存在抗拉 ＞ 抗弯 ＞ 抗压 ＞ 抗剪。由于抗拉强度降低的缺陷影响较大，因此单位容许应力就记作上述形式。

蠕变现象

在木材内，倘若持续地施加荷载，则伴随着时间的成长，挠曲现象就会缓慢地增加。

荷载
↓
随着时间的成长！
↓
荷重

挠曲增加

第2章　木结构　1　木材

木结构板材种类

木结构板材：以木材为原料，人工加工制造的板材

① 胶合板

胶合板：将奇数层单板（旋切单板、层片单板），
按纤维方向相交叠合，再以胶粘剂粘合的
板材。

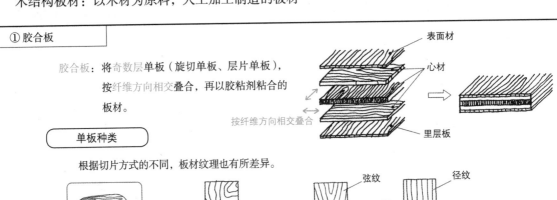

按纤维方向相交叠合

表面材
心材
里层板

单板种类

根据切片方式的不同，板材纹理也有所差异。

弦纹
径纹

切割方式
切割方式
切割方式

a. 旋切单板
b. 层片单板

胶合板种类

胶合板种类	概述
普通胶合板	不能用在建筑物构造承受荷载的主要部位
混凝土模版用胶合板	可作为混凝土的模板使用
构造用板	用在建筑物构造承受荷载的主要部位。 因此，可根据耐水性能分成特殊类型与一般类型
天然木纹装饰胶合板	在普通胶合板表面贴上天然木板
特殊加工装饰胶合板	在普通胶合板表面贴上印刷木纹的树脂板，或涂装木纹

（日本农林标准、其他文献）

其他胶合板种类
c. 蜂窝芯胶合板

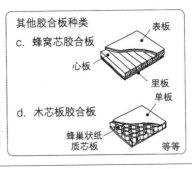

表板
心板
里板
单板

d. 木芯板胶合板

蜂巢状纸
质芯板
等等

② 集成板

集成板：将锯切条板或小角材等，按纤维方向相互平行叠合，再以胶粘剂粘结而成
的木质板材。

薄层板（锯切条板或小角材）

· 锯切条板的含水率应在15%以下，避免产生伸缩、变形、开裂等。
· 可较自由切得截面尺寸、长度、形状等。
· 强度较大，将小材制成大板，也可弯曲板材。
· 可满足JASS（日本建筑学会"构造设计标准"）的规定，以确保强度、质量、等级。
· 同树种的构造用集成板，纤维方向的单位容许应力较木材更大。
· 装饰贴面集成板，没有木节等缺陷，为美观的板材。

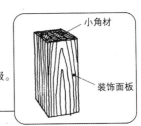

小角材
装饰面板

③ 其他的木质胶合板

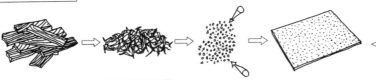

木材

分解或切削成纤维
和木片（小片）

添加胶粘剂等粘合

加工板材

· 刨花板
· MDF板
· 隔热保温板
（软质纤维板）
· 木丝水泥板

等等

2 木结构的基础知识

木结构的特点

优点

- 重量较轻，容易加工和施工。
- 利用接合处的接合五金件、墙面斜撑等，可有效地进行加固补强，具有抗震效果。
- 强化切割，可增加强度。
- 木纹美观，可作为结构的装饰材料。
- 适合日本的气候和风土环境（调节湿度等）。

缺点

- 限制建造在3层楼以下。
- 易遭受到腐朽、虫害，耐久性较差。
- 耐火性较差。（燃点温度约为260℃）
- 较难获得大截面和较长的材料。⇦ 使用集成材的状况较多。
- 由于干燥收缩，易使得构件接合处容易产生缺陷。⇦ 可设五金件补强加固。

1 结构设计的注意事项

墙壁的配置设计

考量建筑物整体的安全性时，荷载应在柱、梁、墙等构架形成均衡配置。

优良范例 　　　　　　　不良范例

柱或墙壁　　　　梁　　　　　　　　　▽2F
　　　　　　　　　　　　　　　　　　　▽2F

会造成二层的梁负担过大

- 一、二层的柱或墙，尽可能地设在上下层相同的位置。
- 设置宽敞的居室时，希望能设在上层。

> 在日本人的生活习惯中，一层楼应设起居室等宽敞的生活空间，二层楼则设个别的房间，因此应在结构方面多进行思量！
>
> （参照P38）

对角斜撑的设置设计

可增加楼板与墙壁的刚性，并将建筑物规划成整体来抵抗作用在建筑物各部位的地震力和风压力。

水平荷载 ➡

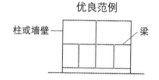

对角斜撑

角隅斜撑

产生变形 　　　　　　　　不产生变形

可多加设置对角斜撑、角隅斜撑、角隅斜地槛、角隅斜梁等达到平衡。

对角斜撑、角隅斜撑：设在墙壁 角隅斜地槛、角隅斜梁：设在楼板

体型设置要点

当出现侧房（耳房）或悬挑楼时，须确保结构水平向的刚性。

a. 侧房（耳房）

b. 悬挑楼

为了从二层到一层的力量传递顺畅，须确保水平向的刚性。

地震等的水平力

柱

利用角隅斜梁，以防止水平向变形。

27

① 传统简式工法（传统构架工法）：日本的传统工法

（P30~P69）

也称为传统构架工法，是由地槛、柱、梁等（框架）构件组合构建的结构。

由框架来承担荷载，可自由选择设置墙壁和开口。

传统工法：用于建造寺庙建筑的传统工法。

传统简式工法：将传统工法简化而发展的工法。

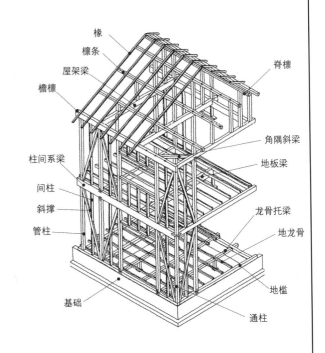

② 木结构框架墙工法（2×4工法）：北美首先发展的工法

（P70~P74）

由组合的木框架面上铺贴胶合板等板材，构成楼板框架墙与壁板框架墙，再组合成整体的结构。

※ 构件主要采用2×4（英尺）规格的截面尺寸，也称为2乘4工法（2×4工法）。

由于墙壁在构造上具有重要作用，墙壁设置与开口大小所受到的限制较多，较传统工法为封闭。

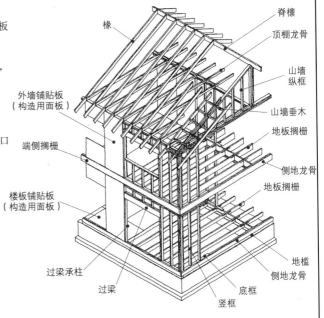

③ 井干式工法（圆木组屋）

将圆木或角材横向重叠堆积，组成墙壁的构造。

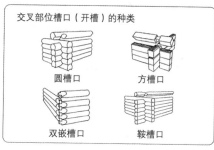

交叉部位槽口（开槽）的种类

圆槽口　方槽口

双嵌槽口　鞍槽口

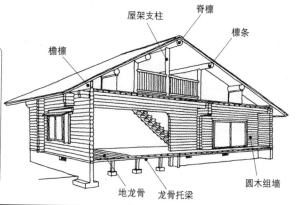

屋架支柱　脊檩

檩条

檐檩

圆木组墙

地龙骨　龙骨托梁

④ 木制预制板工法

预先（pre）在工厂组装（fabricate），减少现场作业的工法。

※可弥补工匠不足与缩短工期。

预制住宅：使用预制方式生产建造的住宅。

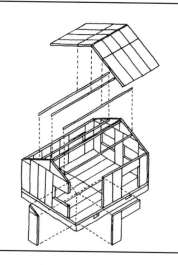

⑤ 大型建筑的结构（集成板结构、桁架结构等）

使用结构用集成板或木桁架，可自由组构成构架的形式。

※可构筑体育馆等大型建筑。

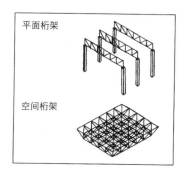

平面桁架

空间桁架

◎出云穹顶
（设计：鹿岛设计）

（大截面集成板构成立体张拉桁膜构造）
（作图参照：文献5）

◎海的博物馆
（设计：内藤广）

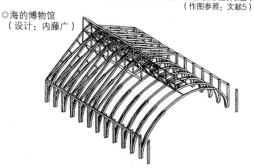

（集成板构成山形框架、栱、空间桁架的复合构造）
（作图参照：文献1）

将使用在建造寺庙建筑等传统建筑的工法简化，而发展出日本传统的工法。

组合地槛、柱、梁等构件，支承建筑物的结构。

※　依据新修改的建筑标准法，在构件连接处应强制使用五金连接铁件，可使得构造具有充分良好的抗震性能。

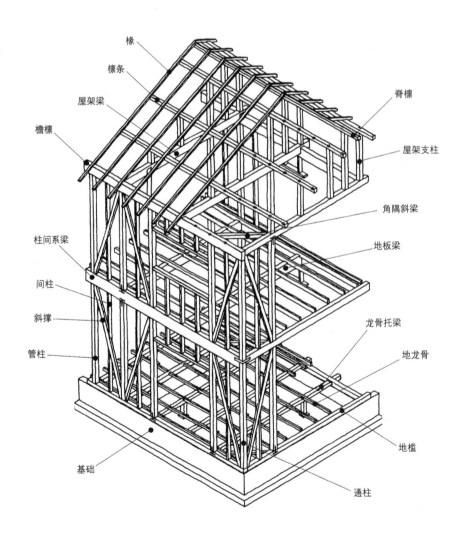

椽

檩条

屋架梁

檐檩

脊檩

屋架支柱

角隅斜梁

地板梁

柱间系梁

间柱

斜撑

管柱

龙骨托梁

地龙骨

地槛

基础

通柱

基础、地基

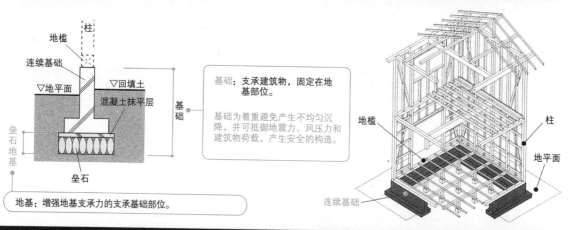

基础：支承建筑物，固定在地基部位。

基础为着重避免产生不均匀沉降，并可抵御地震力、风压力和建筑物荷载，产生安全的构造。

地基：增强地基支承力的支承基础部位。

1 地基

① 开挖基槽

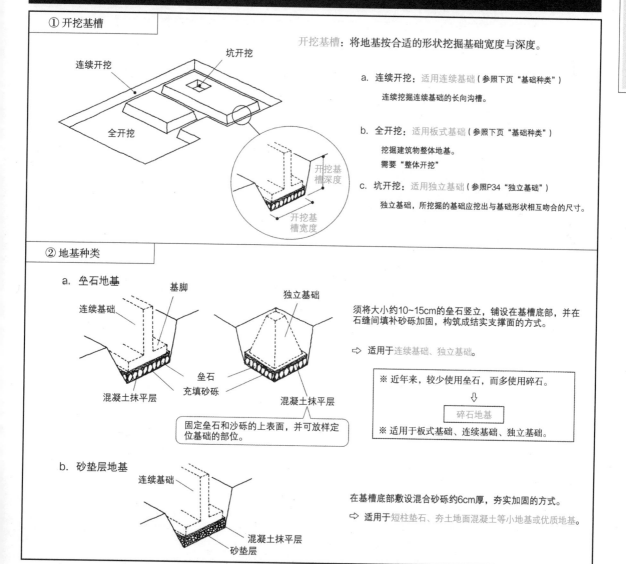

开挖基槽：将地基按合适的形状挖掘基础宽度与深度。

a. 连续开挖：适用连续基础（参照下页"基础种类"）

连续挖掘连续基础的长向沟槽。

b. 全开挖：适用板式基础（参照下页"基础种类"）

挖掘建筑物整体地基。

需要"整体开挖"

c. 坑开挖：适用独立基础（参照P34"独立基础"）

独立基础，所挖掘的基础应挖出与基础形状相互吻合的尺寸。

② 地基种类

a. 垒石地基

须将大小约10~15cm的垒石竖立，铺设在基槽底部，并在石缝间填补砂砾加固，构筑成结实支撑面的方式。

⇨ 适用于连续基础、独立基础。

固定垒石和沙砾的上表面，并可放样定位基础的部位。

※ 近年来，较少使用垒石，而多使用碎石。
⇩
碎石地基

※ 适用于板式基础、连续基础、独立基础。

b. 砂垫层地基

在基槽底部敷设混合砂砾约6cm厚，夯实加固的方式。

⇨ 适用于短柱垫石、夯土地面混凝土等小地基或优质地基。

c. 桩基础（参照P153~P154）

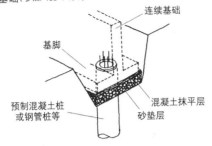

连续基础

基脚

预制混凝土桩
或钢管桩等

混凝土抹平层

砂垫层

当面对软弱地基时，须将基桩打入地基的坚硬层（支撑层），以承受建筑物荷载的地基支承方式。

⇨ 使用预制钢筋混凝土桩、钢管桩等。（参照P154）

d. 地基改良（参照P156的图）

可改善软弱的地基。
利用振动加固地基间隙的加固工法和药液灌筑工法等。

2 基础

基础种类　　　※独立基础，参照P34

连续基础　　　　　　　　　　　　　　板式基础

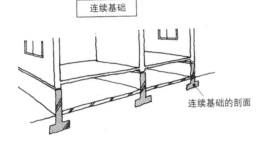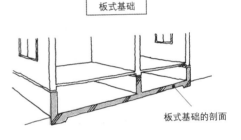

连续基础的剖面　　　　　　　　　板式基础的剖面

关于基础的注意事项

由于干燥和冻结，地基体积会发生变化！
⇩

· 在地基冻结处，基础底面须设在地下冻融面以下更深处。

· 设在同幢建筑物的原则，不可并设不同构造的基础。

⇨ 会造成不同地基沉降的原因！

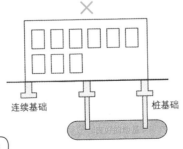

连续基础　　　　　　　桩基础

然而，在相同支持层的环境，可使用不同构造的基础。

对应地基承载力的基础种类

	地基承载力	基础种类
软弱地基 ⇨	20kN/m³ 以下	· 桩基础
	20 ~ 30kN/m³	· 桩基础、板式基础
硬质地基 ⇨	30kN/m³ 以上	· 桩基础、板式基础、连续基础

【平成12年建告1347号】

不论何种基础：
· 均为整体钢筋混凝土构造。
· 基础底面，应设置在较冻融深度更为深处。

连续基础：连续设在建筑物壁底的条带状基础。

主要适用设在良好地基（硬质地基）。

⇧

不会产生不均匀沉降的地基。

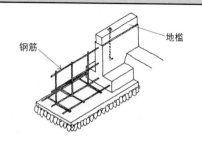

钢筋

地槛

① 连续基础的类型

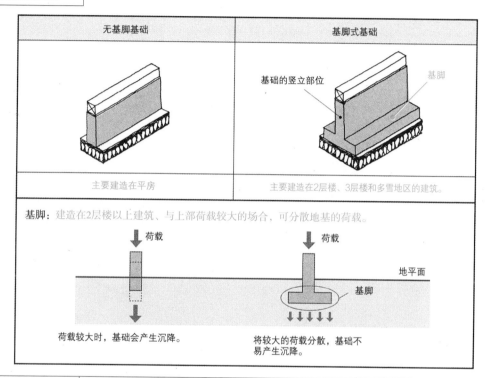

无基脚基础	基脚式基础
	基础的竖立部位　基脚
主要建造在平房	主要建造在2层楼、3层楼和多雪地区的建筑。

基脚：建造在2层楼以上建筑、与上部荷载较大的场合，可分散地基的荷载。

荷载　　　　　　　荷载

地平面

基脚

荷载较大时，基础会产生沉降。

将较大的荷载分散，基础不易产生沉降。

② 连续基础的细部

例）基脚式基础

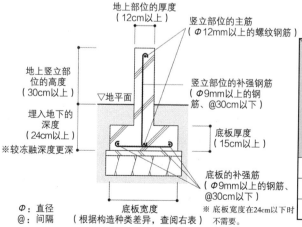

地上部位的厚度
（12cm以上）

竖立部位的主筋
（φ12mm以上的螺纹钢筋）

地上竖立部位的高度
（30cm以上）

▽地平面

竖立部位的补强钢筋
（φ9mm以上的钢筋、@30cm以下）

埋入地下的深度
（24cm以上）

※较冻融深度更深

底板厚度
（15cm以上）

底板的补强筋
（φ9mm以上的钢筋、@30cm以下）

φ：直径
@：间隔

底板宽度
（根据构造种类差异，查阅右表）

※ 底板宽度在24cm以下时不需要。

基脚部分的宽度

⇧

与地基承载力对应的连续基础底板宽度

底板宽度（单位cm）	建筑物种类		
	木结构或钢结构等重量较轻的建筑物		
地基承载力（面对长期地基力的容许应力强度）（单位 kN/m²）	平房建筑	2层楼建筑	其他建筑
30 ~ 50	30	45	60
50 ~ 70	24	36	45
70 以上	18	24	30

【平成12年建告1347号】

33

2-2　板式基础

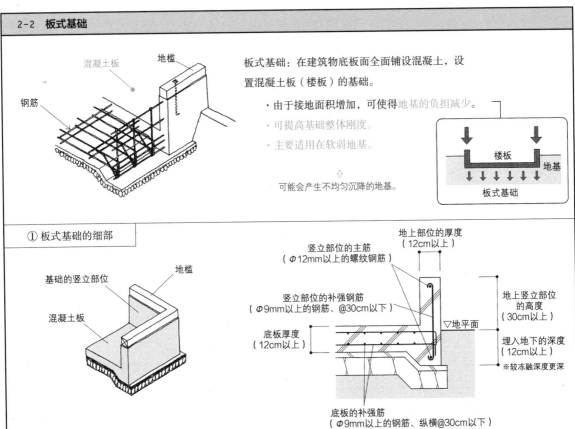

板式基础：在建筑物底板面全面铺设混凝土，设置混凝土板（楼板）的基础。

· 由于接地面积增加，可使得地基的负担减少。

· 可提高基础整体刚度。

· 主要适用在软弱地基。

⇧
可能会产生不均匀沉降的地基。

楼板
地基
板式基础

① 板式基础的细部

混凝土板
基础的竖立部位
地槛

地上部位的厚度
（12cm以上）

竖立部位的主筋
（φ12mm以上的螺纹钢筋）

竖立部位的补强钢筋
（φ9mm以上的钢筋、@30cm以下）

底板厚度
（12cm以上）

底板的补强筋
（φ9mm以上的钢筋、纵横@30cm以下）

▽地平面

地上竖立部位的高度
（30cm以上）

埋入地下的深度
（12cm以上）
※较冻融深度更深

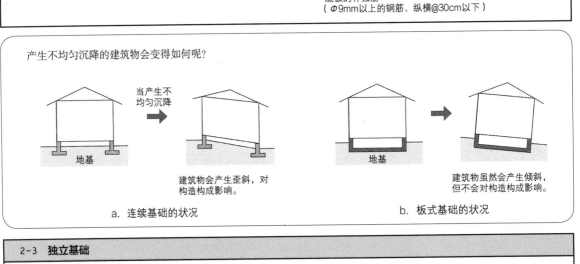

产生不均匀沉降的建筑物会变得如何呢？

当产生不均匀沉降

地基

建筑物会产生歪斜，对构造构成影响。

a. 连续基础的状况

地基

建筑物虽然会产生倾斜，但不会对构造构成影响。

b. 板式基础的状况

2-3　独立基础

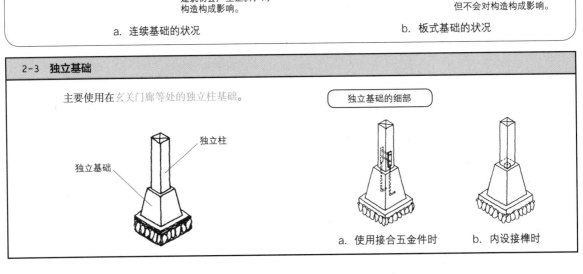

主要使用在玄关门廊等处的独立柱基础。

独立基础的细部

独立柱
独立基础

a. 使用接合五金件时

b. 内设接榫时

2-4　地板通风换气口

地板通风换气口：为了不让地板下聚积湿气，可利于换气。

外墙壁：应设百叶

内墙壁：未设百叶

为了防止老鼠或猫进入，应当在外周墙壁的通风换气口上装设百叶窗。→百叶窗

为室内楼地板的检修孔，为了便利人员能在地板下进行全面检查，在内墙安设可供检修者出入的人孔。

人孔

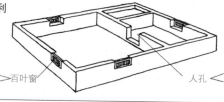

① 设置标准

◎ 地板通风换气口的状况

通风换气

· 间隔（对应在外墙壁的墙壁长）：5m以下
· 面积　　　　　　　　　　　　：300cm²以上

【令22条】

关于设置外墙地板通风换气口的标准
⇧
内壁通风换气口，并无间隔、尺寸大小的任何相关规定！

◎ 垫高地槛的状况

在现今，垫高地槛已成为主流。

换气

地槛

基础衬垫

基础衬垫

在地槛与基础间铺设基础衬垫，可从间隙进行换气。

垫高地槛的优点

· 可防止地槛和基础直接接触，使得地槛不易腐朽。
· 不会形成基础截面的缺损，可提高抗震效果。
· 可促使地板下进行整体通风换气。

※基础衬垫，应设锚定螺栓的孔洞与柱穿孔。

※内壁应设可贯通、可便利人员进出的通风换气口（人孔）。

② 地板通风换气口的补强

地板通风换气口容易在地震时形成构造的弱点，因此在地板通风换气口的周边应设直径9mm以上的补强筋。

地板通风换气口

直径9mm以上的补强筋

2-5　锚定螺栓

锚定螺栓：可支固地槛，防止地槛从基础上滑落。

① 设置标准：

· 直径：　　　13mm以上
· 锚定深度：　250mm以上
· 间距：　　　2.7m以下
　　　　　　　（3层楼建筑为2.0m以下）

应设锚定螺栓的部位

· 离柱心约150mm处
· 在抗震墙与其两侧柱的底侧面（参照下页）
· 地槛的对接与交接面（参照P64）上侧的端部

锚定螺栓的类型

L型

J型

离柱心约150mm处

间距：2.7m以下

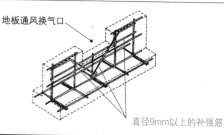

锚定深度须设置250mm以上

接合面上侧部位

框架

由地槛、柱、梁、檩、柱间系梁、斜撑等构成的壁体骨架。
以支承屋顶、楼板、墙壁等荷载，进行垂直方向作用力的传递。

可抵抗地震力和风压力等水平力。

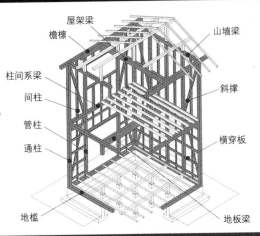

屋架梁 / 檐檩 / 山墙梁 / 柱间系梁 / 间柱 / 斜撑 / 管柱 / 横穿板 / 通柱 / 地槛 / 地板梁

1 地槛

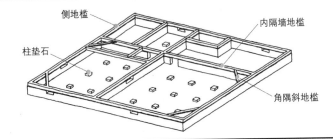

侧地槛 / 柱垫石 / 内隔墙地槛 / 角隅斜地槛

地槛类型

- 侧地槛：设在建筑物外围的地槛
- 内隔墙地槛：设在建筑物内隔墙的地槛
- 角隅斜地槛：设在角隅或交会处的地槛（参照下页）

※ "侧地槛"与"内隔墙地槛"为相同标准，在地槛与下项再说明。

1-1 地槛

地槛：与框架底侧的柱脚连接，可分散荷载从柱到基础的传递。

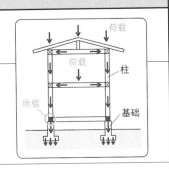

荷载 / 荷载 / 柱 / 地槛 / 基础

① 地槛的尺寸

与柱尺寸相同，采用较大的尺寸。

一般尺寸　平房建筑：105mm² ⇨ 为105×105mm

双层建筑：120mm²

② 地槛的注意事项

◎ 地槛会因水平力而产生隆起，为了防止从基础滑落，应使用锚定螺栓与基础固结。

在抗震墙（P48）两侧若没有装设锚定螺栓，则当遭受到水平力时，地槛会从基础处隆起。

在抗震墙两侧的柱底处附近，须设锚定螺栓。

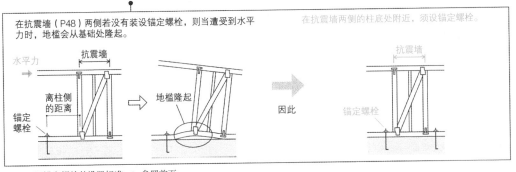

水平力 / 抗震墙 / 离柱侧的距离 / 锚定螺栓 / 地槛隆起 / 因此 / 抗震墙 / 锚定螺栓

※锚定螺栓的设置标准 ⇦ 参照前页

◎因为接近地基，容易产生腐朽。

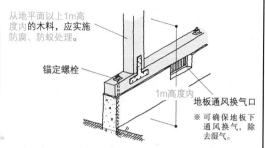

从地平面以上1m高度内的木料，应实施防腐、防蚁处理。

↑

使用扁柏、桧柏、栗等耐久性较高的材料时，须涂布(杂酚油)等防腐剂。

具有防腐效果

※毒死蜱 ⇦ 禁止使用

锚定螺栓

1m高度内

地板通风换气口

※ 可确保地板下通风换气，除去湿气。

※也须将基础面敷设防水油毡

◎应实施防蚁处理 ※近年来，也因为使用而产生防蚁、防腐效果。

第2章　木结构

3 传统工法

1-2　角隅斜地槛

角隅斜地槛：可确保水平力作用时水平面的刚度。

※角隅斜地槛的细部，参照P44

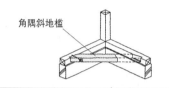

角隅斜地槛

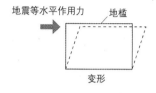

地震等水平作用力　地槛

变形

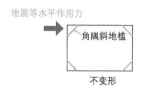

地震等水平作用力

角隅斜地槛

不变形

2　柱

柱：将楼板和屋顶等顶部荷载，传递到地槛的垂直构件。　柱常使用扁柏、云杉、铁杉等针叶树。

可与构架材料（P39）和斜撑等构成整体，以抵抗水平力。

柱的种类与间距

管柱

通柱

二层

一层

通柱：从一层到二层为一根贯通材料的柱。
一般的截面尺寸为120mm²。

管柱：在各层所使用的柱。
一般的截面尺寸为105mm²。

柱间距：除去开口，约设在0.9~2m范围内。

※在建筑物角隅处和墙壁交会处，必须要配置柱。

管柱

建筑物（平面）

角隅柱 ⇨ 为通柱

墙壁交会处

2层以上建筑物的角隅柱，须设通柱。
↑
在拥有相同支承的状况时，不设通柱也可！

① 关于柱的注意事项

◎具有缺陷的柱，尽可能地避免设在中央处附近。

当截面积的1/3以上范围具有缺陷时，应须进行补强。

◎设置柱的原则，应避免对接。

◎从地平面以上1m高度内的部分，应涂布防腐剂。

◎建筑物的宽度较高度短时，角隅柱与地槛须紧密固结。

◎结构承载主要部位的柱，有效细长比控制在150以下。

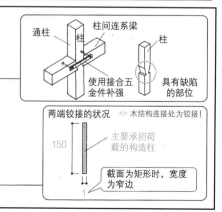

通柱

柱间连系梁

柱

使用接合五金件补强

具有缺陷的部位

两端铰接的状况 ⇦ 木结构连接处为铰接！

150

主要承担荷载的构造柱

截面为矩形时，宽度为窄边

1

② 最小柱宽 【令43条】

最小柱宽，可按照建筑物开间与进深向的关系，查询下表所对应的水平构材间垂距比进行计算。⇦ 可防止柱的垂直荷载会产生弯曲破坏（屈曲）。

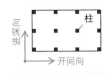

建筑物	柱	·进深或开间向的间距为10m以上的柱 ·学校、托儿所、剧场、集会场所、商品贩售店铺等的柱（总楼板面积≤10m²者除外）		左述以外的柱	
		最上层或楼层为一层的柱	其他楼层的柱	最上层或楼层为一层的柱	其他楼层的柱
（1）	墙壁特别厚重的建筑物（生土结构建筑物等）	$\frac{1}{22}$	$\frac{1}{20}$	$\frac{1}{25}$	$\frac{1}{22}$
（2）	上述外的建筑物，屋面为轻质材料铺砌的建筑物（金属屋面等）	$\frac{1}{30}$	$\frac{1}{25}$	$\frac{1}{33}$	$\frac{1}{30}$
（3）	其他建筑物（瓦屋面等）	$\frac{1}{25}$	$\frac{1}{22}$	$\frac{1}{30}$	$\frac{1}{28}$

最小柱宽 == 垂直距离（h）×表中数值

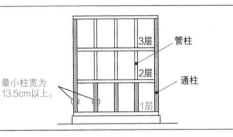

d：矩形截面的窄边宽度

3层木结构建筑的最小柱宽

3层木结构建筑（地下层除外）的一层主要最小柱宽为13.5cm以上。

最小柱宽为13.5cm以上。

3层 管柱
2层
1层 通柱

③ 背里侧开槽与缘角刨削

背里侧开槽：当柱材为心材时，在柱背隐蔽侧开槽，可防止出现裂纹。

缘角刨削：设在露柱墙处，可起到保护柱角的作用。

柱 壁 缘角刨削

露柱墙，由于在室内可看见柱，可防止柱缘角处造成外伤等。

背里侧开槽

当柱背侧的木节很多时，在背侧开槽并隐藏在墙内的做法，称为背里侧开槽。

腹侧 背侧

枝干在树根部位会生长较多的木节。

上下楼层柱不连贯的状况

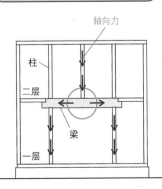

轴向力

柱
二层
梁
一层

当上下楼层柱不连贯时，上层柱的轴向力可借由梁等水平构件进行直接传递。

⇩

承担荷载的梁，负载较大。

⇩

增加梁深的措施是必需的！

对于荷载强度较高的梁，梁深就应增加（增高）！

※与梁宽并无关系！

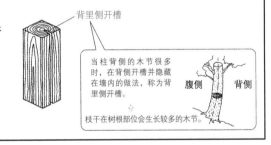

梁宽
梁深
梁剖面

※ 然而，当梁深增加时，就必须针对侧向屈曲进行检核。

侧向屈曲：受到垂直荷载的梁产生侧向倾倒的情况（参照P96）。

侧向屈曲

3 水平构件（梁、柱间连系梁、檐檩）

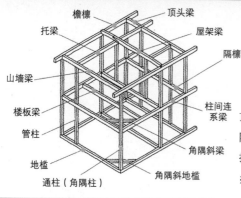

檐檩　顶头梁
托梁　屋架梁
隔檩
山墙梁
楼板梁　柱间连系梁
管柱
角隅斜梁
地槛
角隅斜地槛
通柱（角隅柱）

水平构件：在水平方向所架设的构件总称。

顶头梁：连接柱顶的构造，不承受楼板或屋架的荷载。

隔檩：在隔墙顶部架设的檩条，不承受楼板或屋架的荷载。

托梁：可作为柱顶与进深向材的加固构件，承担屋架梁的荷载。

※上述为本文未说明的构件。

3-1 柱间连系梁、梁

柱间连系梁：位在一层与二层间的水平构件，为外墙通柱与通柱间连接的构件。

梁：可分成屋架梁（P55）和楼板梁（P61）。

> 接合处补强

"柱间连系梁与梁等的水平构材相互连接处"和"楼板梁与柱连接处"等，应使用带眼螺栓紧密连接。

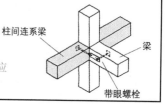

柱间连系梁　梁　带眼螺栓

3-2 檐檩

檐檩：承接屋架梁或椽（P55），可将屋面荷载传递至柱的构件。

> 檐檩的檩条连接

檐檩的檩条相接，应离柱心约150mm处再连接。

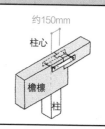

约150mm　柱心　檐檩　柱

> 水平构件的注意事项

在水平构件中央附近处的底侧，会产生拉力，因此应尽量避免出现切割断口。（参照P62）

柱　压缩侧　水平构件　拉张侧

荷重（130）柱　梁

若在中央处出现切割断口，则会出现折断。

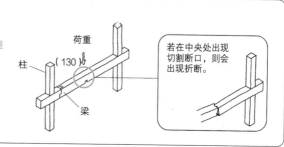

3-3 角隅斜梁

角隅斜梁：在"2层建筑的楼板梁与柱间系梁"或"屋架梁与檐檩"等处的角隅处斜向设置，为了防止因地震等水平力而导致建筑物变形的构件。

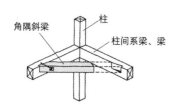

柱
角隅斜梁
柱间系梁、梁

| 材料 | ·90mm×90mm以上的木材 |
| | ·角隅接合五金件 |

※ 在建物底层具有相同功能的，称为"角隅斜地槛"。

对角斜撑：为了防止框架变形，在构架对角线方向所设置的斜向构件。

※可抵抗地震力、风压力等的水平力。

地震等的水平力 ⇒

柱

变形

地震等的水平力 ⇒

对角斜撑

柱

不变形

① 对角斜撑种类

抗拉对角斜撑		抗压对角斜撑
厚度在1.5cm以上，宽度为9cm以上的木材	直径为9mm以上的钢筋	厚度在3cm以上，宽度为9cm以上的木材

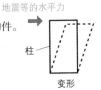

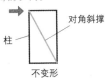

檩条

对角斜撑

柱

※ 钢筋在承受压力时会产生弯曲（屈曲），因此不可作为抗压对角斜撑。

水平荷载 →

承担拉力的对角斜撑

水平荷载 →

承担压力的对角斜撑

② 关于对角斜撑的注意事项

对角斜撑应当嵌入。
⇧
在间柱与对角斜撑交叉的场合下，对角斜撑应嵌入间柱。

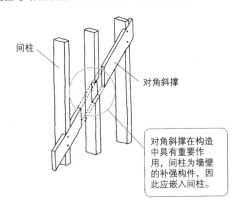

间柱

对角斜撑

对角斜撑在构造中具有重要作用，间柱为墙壁的补强构件，因此应嵌入间柱。

交叉接合的状况

a. 对角斜撑为90mm×90mm以上时

对角斜撑

以一条对角斜撑为贯通，另一条边对角斜撑为接合的方式，且利用螺栓接合补强。

若是相互搭叠（P64），则构材的强度就会降低，不能发挥对角斜撑的作用。

b. 前述以外的状况

木垫板

当对角斜撑厚度较薄时，则使用木垫板进行固定加固。

③ 对角斜撑的设置

◎平面、立面上应当均衡设置。

⬆

各方向应设数量相同的对角斜撑。

◎通常柱间距为900mm以上的框架时，就应当设置。

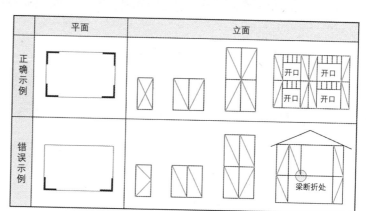

	平面	立面
正确示例		
错误示例		

④ 对角斜撑的斜度

对角斜撑的斜度，水平面的高宽比应在3：1以下。
当对角斜撑的倾斜角接近45°时，就会具有效果。

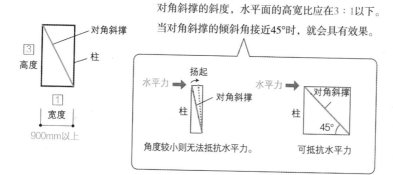

[3] 高度

[1] 宽度

900mm以上

水平力 ➡ 扬起 对角斜撑 柱

角度较小则无法抵抗水平力。

水平力 ➡ 对角斜撑 柱 45°

可抵抗水平力

对角斜撑符号（例）

对角斜撑的种类

单向设置	交叉设置

※ 对角斜撑符号会因设计者而有所差异，但都期望能够清晰地表达对角斜撑的方向。

⑤ 对角斜撑的接合

对角斜撑的端部，在接近柱与梁等的水平构件的连接处，应当使用螺栓、螺钉、斜撑节点板等尽量紧密连接。

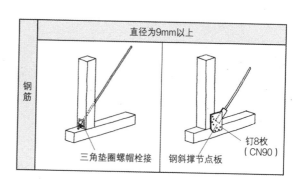

直径为9mm以上

钢筋

三角垫圈螺帽栓接　钢斜撑节点板　钉8枚（CN90）

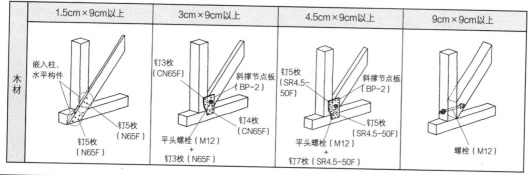

1.5cm×9cm以上	3cm×9cm以上	4.5cm×9cm以上	9cm×9cm以上

木材

嵌入柱、水平构件
钉5枚（N65F）
钉5枚（N65F）

钉3枚（CN65F）
斜撑节点板（BP-2）
钉4枚（CN65F）
平头螺栓（M12）＋钉3枚（N65F）

钉5枚（SR4.5-50F）
斜撑节点板（BP-2）
钉5枚（SR4.5-50F）
平头螺栓（M12）＋钉7枚（SR4.5-50F）

螺栓（M12）

5-1　墙壁种类

① 板条抹灰墙的特征　※主要适用于西式房间、走廊等处的墙壁。

· 可设置大截面的对角斜撑，应使用连接五金件加固。
　　　　　　　　⇧
　　　　　　　抗震的
· 气密性较佳，有利于防火、隔热、隔声。
· 但不易排除墙壁内部的湿气，对于内部腐朽问题应当留意。

② 露柱墙的特征　※主要适用于房间墙壁。

· 柱不仅是构造材料，也是装饰材料。
· 墙壁厚度较薄，就很难设置对角斜撑。⇦ 抗震方面 "露柱墙" < "板条抹灰墙"

③ 连接墙的特征　※主要适用于和室与西式房间、走廊等连接用的墙壁。

· 无法设较大截面的对角斜撑。

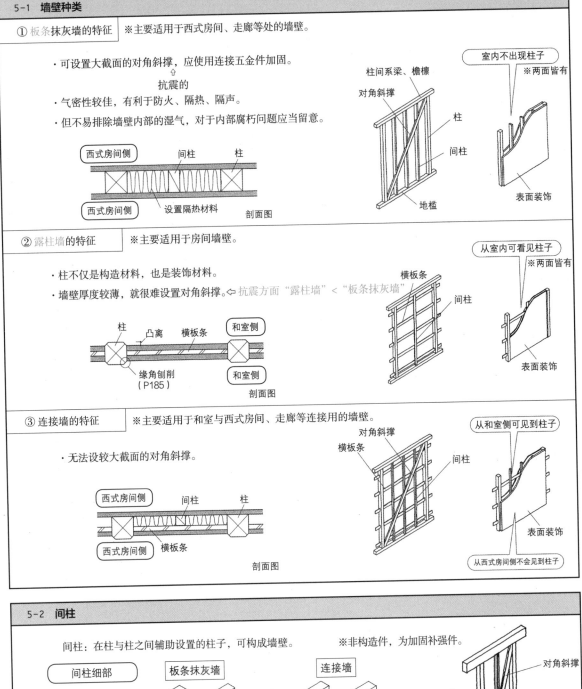

5-2　间柱

间柱：在柱与柱之间辅助设置的柱子，可构成墙壁。　※非构造件，为加固补强件。

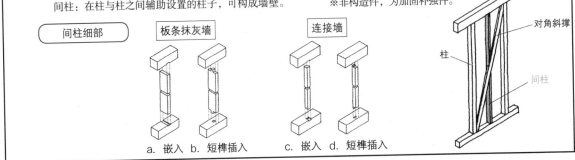

a. 嵌入　b. 短榫插入　　c. 嵌入　d. 短榫插入

5-3　横板条

顶横板条
内横板条
（参照P185）
中横板条
腰横板条
底横板条
粉刷板条

※根据横板条所设位置的不同，名称也有所不同。

横板条：使用于露柱墙，为进行柱与柱之间水平连接的水平构件。
※现在基本上已不使用。

横板条，最好能使用1根贯通的。若出现需要对接的状况时，须对接在柱中心处，并紧密连接。

a. 通榫　　b. 侧斜槽榫　c. 斜嵌接榫　d. 小插榫　　e. 对钉接

5-4　开口部（过梁、窗台、开口侧框）

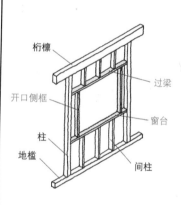

桁檩
开口侧框
柱
地槛
过梁
窗台
间柱

过梁：在开口上部所设置的加固补强构件。
窗台：在开口下部所设置的加固补强构件。

开口侧框：当开口比间柱的间距小时，为了符合门窗开口的宽度，在竖向所设的补强构件。

蚂蟥钉
过梁、窗台
斜槽插接嵌入时，须设短榫插入

a. 过梁、窗台细部

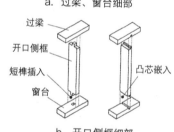

过梁
开口侧框
短榫插入
窗台
凸芯嵌入

b. 开口侧框细部

5-5　斜角撑与加固柱

斜角撑

斜角撑：在跨度较大或无法设置对角斜撑时，在柱与梁、檩的交会部位，应设置可防止因水平力作用而产生变形的斜向构件。

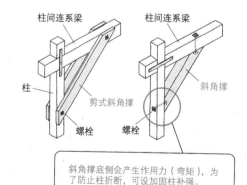

柱间连系梁
柱间连系梁
柱
剪式斜角撑
螺栓
斜角撑
螺栓

斜角撑底侧会产生作用力（弯矩），为了防止柱折断，可设加固柱补强。

加固柱

加固柱：对1根柱进行补强，而增设的另一根加强柱。

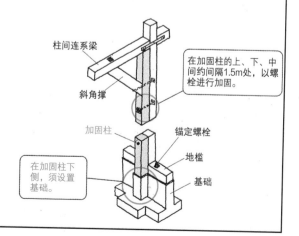

柱间连系梁
斜角撑
加固柱
锚定螺栓
地槛
基础

在加固柱的上、下、中间约间隔1.5m处，以螺栓进行加固。

在加固柱下侧，须设置基础。

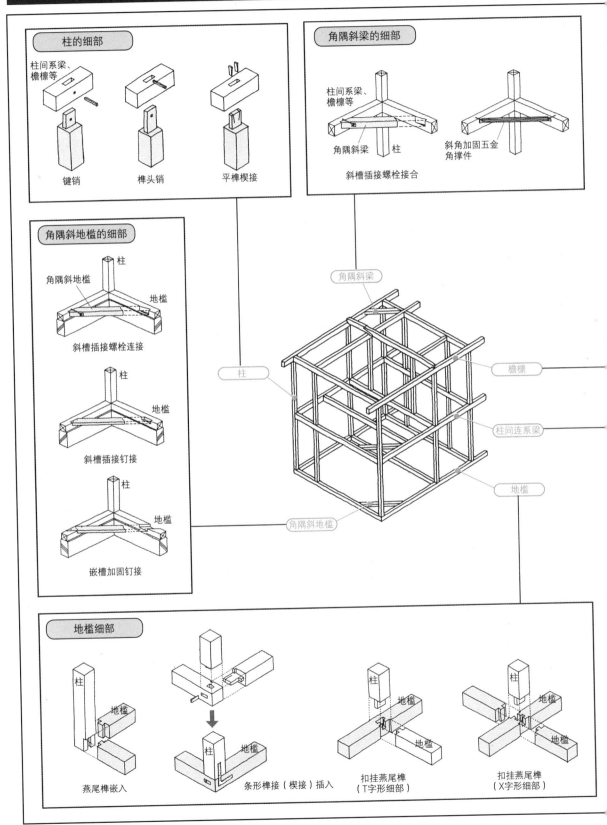

柱的细部

柱间系梁、
檐檩等

键销　　榫头销　　平榫楔接

角隅斜梁的细部

柱间系梁、
檐檩等

角隅斜梁　柱

斜槽插接螺栓接合

斜角加固五金
角撑件

角隅斜地槛的细部

角隅斜地槛

柱

地槛

斜槽插接螺栓连接

柱

地槛

斜槽插接钉接

柱

地槛

嵌槽加固钉接

角隅斜梁

柱

檐檩

柱间连系梁

地槛

角隅斜地槛

地槛细部

柱

地槛

燕尾榫嵌入

柱　地槛

条形榫接（楔接）插入

柱　地槛

地槛

扣挂燕尾榫
（T字形细部）

柱　地槛

地槛

扣挂燕尾榫
（X字形细部）

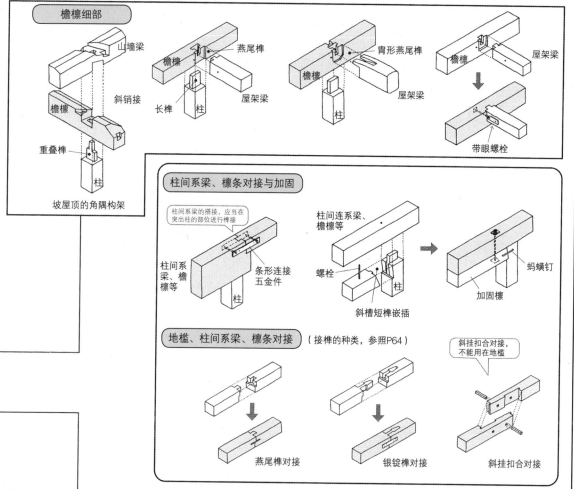

檐檩细部

山墙梁

檐檩 — 燕尾榫

斜销接

檐檩 — 长榫 — 柱 — 屋架梁

重叠榫

柱

坡屋顶的角隅构架

胄形燕尾榫

檐檩 — 屋架梁

柱

檐檩 — 屋架梁

带眼螺栓

柱间系梁、檩条对接与加固

柱间系梁的搭接，应当在突出柱的部位进行榫接

柱间系梁、檐檩等 — 条形连接五金件

柱

柱间连系梁、檐檩等

螺栓

斜槽短榫嵌插

柱

蚂蟥钉

加固檩

地槛、柱间系梁、檩条对接 （接榫的种类，参照P64）

斜挂扣合对接，不能用在地槛

燕尾榫对接

银锭榫对接

斜挂扣合对接

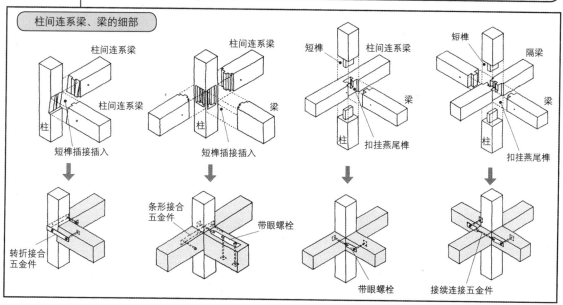

柱间连系梁、梁的细部

柱间连系梁

柱间连系梁

柱

短榫插接插入

转折接合五金件

柱间连系梁

梁

柱

短榫插接插入

条形接合五金件

带眼螺栓

带眼螺栓

短榫

柱间连系梁

梁

柱

扣挂燕尾榫

带眼螺栓

短榫

隔梁

梁

柱

扣挂燕尾榫

接续连接五金件

柱头、柱脚五金件的设置标准

【令47条】

当遭受地震力或风压力等水平力作用时，抗震墙的柱会受拉或压力。

⇩

在柱头、柱脚处设连接五金件，就可防止产生变形。

⇩

可根据抗震墙的种类、设柱位置、层数，以及受力方向的差异，选择合适的连接五金件。

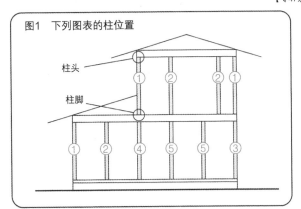

图1　下列图表的柱位置

柱头

柱脚

设柱位置 参照图1（上图）▷ 抗震墙种类		1层建筑或最上层		其他部分（2层建筑的一楼）		
		①	②	③	④	⑤
		外角柱	其他框架柱	上层与此层柱的共用外角柱	上层为外角柱，此层非外角柱	上层与此层柱共用非外角柱
木板条落地壁（单面、双面皆同）		A	A	A	A	A
1.5cm×9cm 以上的木材或直径为9mm 的钢筋	单侧	B	A	B	A	A
	交叉	D	B	G	C	B
对角斜撑种类 3cm×9cm 以上的木材	单侧 对角斜撑底部所设的柱	B	A	D	B	A
	单侧 其他的柱	D	B			
	交叉	G	C	I	G	D
4.5cm×9cm 以上的木材	单侧 对角斜撑底部所设的柱	C	B	G	C	B
	单侧 其他的柱	E				
	交叉	G	D	J	H	G
构造用板		E	B	H	F	C

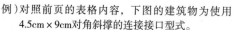

柱头、柱脚的连接型式

例）对照前页的表格内容，下图的建筑物为使用4.5cm×9cm对角斜撑的连接接口型式。

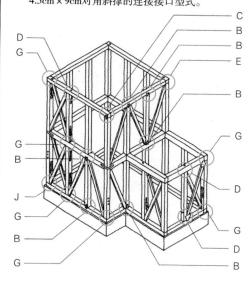

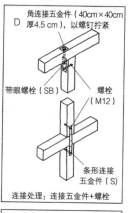

D

角连接五金件（40cm×40cm 厚4.5 cm），以螺钉拧紧

带眼螺栓（SB）

螺栓（M12）

条形连接五金件（S）

连接处理：连接五金件+螺栓

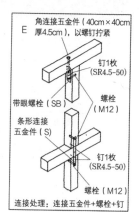

E

角连接五金件（40cm×40cm 厚4.5 cm），以螺钉拧紧

钉1枚（SR4.5-50）

螺栓（M12）

带眼螺栓（SB）

条形连接五金件（S）

钉1枚（SR4.5-50）

螺栓（M12）

连接处理：连接五金件+螺栓+钉

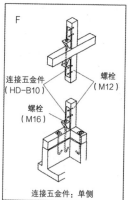

F

连接五金件（HD-B10）

螺栓（M12）

螺栓（M16）

连接五金件：单侧

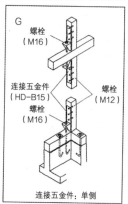

G

螺栓（M16）

连接五金件（HD-B15）

螺栓（M12）

螺栓（M16）

连接五金件：单侧

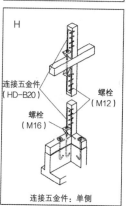

H

连接五金件（HD-B20）

螺栓（M12）

螺栓（M16）

连接五金件：单侧

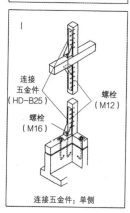

I

连接五金件（HD-B25）

螺栓（M12）

螺栓（M16）

连接五金件：单侧

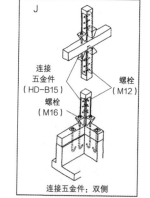

J

连接五金件（HD-B15）

螺栓（M12）

螺栓（M16）

连接五金件：双侧

连接五金件的种类，可参照P66

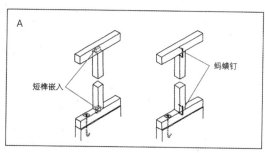

A

短榫嵌入

蚂蟥钉

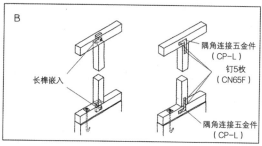

B

长榫嵌入

隔角连接五金件（CP-L）

钉5枚（CN65F）

隔角连接五金件（CP-L）

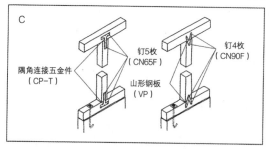

C

隔角连接五金件（CP-T）

钉5枚（CN65F）

山形钢板（VP）

钉4枚（CN90F）

抗震墙（数量计算）

1 抗震墙的数量计算

【令46条4项】

抗震墙可抵抗地震力或风压力等水平力，因此所设的抗震墙量（数量）应确保足够。

※确认在各楼层的进深向、开间向设置。

> 应进行数量计算的建筑物

　　右述的木结构建筑　　　　· 两层以上的
　　　　　　　　　　　　　　 · 建筑面积超过50m²的

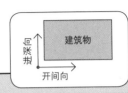

1-1 数量计算的方法

① 计算必要的墙壁量。［针对建筑规模，计算必要最低要求的抗震墙壁量（长度）。］

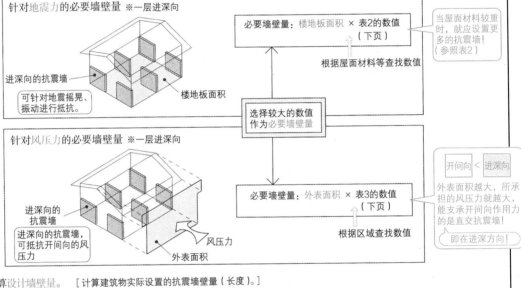

针对地震力的必要墙壁量 ※一层进深向

进深向的抗震墙

可针对地震摇晃、振动进行抵抗。

楼地板面积

必要墙壁量：楼地板面积 × 表2的数值（下页）

根据屋面材料等查找数值

当屋面材料较重时，就应设置更多的抗震墙！（参照表2）

选择较大的数值作为必要墙壁量

针对风压力的必要墙壁量 ※一层进深向

进深向的抗震墙

进深向的抗震墙，可抵抗开间向的风压力

风压力

外表面积

必要墙壁量：外表面积 × 表3的数值（下页）

根据区域查找数值

开间向 ＜ 进深向

外表面积越大，所承担的风压力就越大，能支承开间向作用力的是直交抗震墙！

即在进深方向！

② 计算设计墙壁量。［计算建筑物实际设置的抗震墙壁量（长度）。］

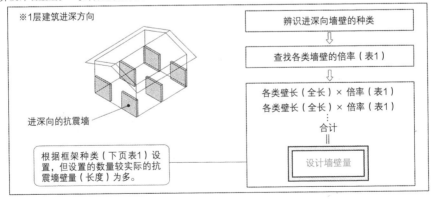

※1层建筑进深方向

进深向的抗震墙

根据框架种类（下页表1）设置，但设置的数量较实际的抗震墙壁量（长度）为多。

辨识进深向墙壁的种类

查找各类墙壁的倍率（表1）

各类壁长（全长）× 倍率（表1）
各类壁长（全长）× 倍率（表1）
:
合计

设计墙壁量

③ 将必要墙壁量与设计墙壁量值进行比较。

必要墙壁量 ← 进行比较 → 设计墙壁量

必要墙壁量 ＜ 设计墙壁量 …… 安全
必要墙壁量 ＞ 设计墙壁量 …… 墙壁量不足

第2章　木结构　③ 传统工法

【表1】针对抗震墙的检核 　　※抗震墙的种类与倍率

框架种类	木骨泥墙	柱、间柱上钉装木板条等的墙壁	内含对角斜撑的墙				
			钢筋	木材			
			直径9mm	1.5cm×9cm以上	3cm×9cm以上	4.5cm×9cm以上	9cm×9cm以上
倍率	0.5	单面钉装	1	1	1.5	2	3
		双面钉装	双向交错设置时，上述数值为2倍（上限是5）				

框架种类	构造用板	硬质木片水泥板	木浆水泥板	构造用石膏板A类	石膏板	
	厚度在5mm以上 ※在外墙使用时为7.5mm以上	厚度在12mm以上	厚度在8mm以上	厚度在12mm以上 ※限制在外墙以外的场合使用	厚度在12mm以上 ※限制在外墙以外的场合使用	
倍率	2.5	2.0	1.5	1.7	0.9	例）构造用板 等等

关于"倍率"的注意事项

◎当组合使用时，可对每个倍率进行叠加计算。但上限是5。

　例）对角斜撑（3×9单侧）+ 构造用板 = 1.5+2.5=4 ⇒ 4倍
　　　对角斜撑（3×9双侧）+ 构造用板 = 3+2.5=5.5 ⇒ 因上限是5，故仍是5倍。

◎相同的单片板2片叠合时，倍率并非为2倍。

◎露柱墙构造和构造用板等面材的抗震墙倍率，
　"支撑补强构件类型"较"横板条类型"更大。

◎钉装构造用板的面材，会因钉的种类、间距而产生倍数的差异。

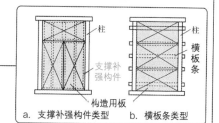

a. 支撑补强构件类型　　b. 横板条类型

【表2】针对地震力的检核 　　※各层楼地板面积 ×下表数值

屋面构造 ＼ 建筑层数	1层楼建筑	2层楼建筑		3层楼建筑		
		一层	二层	一层	二层	三层
土砌构造等墙壁重量较重的建筑物、瓦屋面等的重屋面	15	33	21	50	39	24
金属板、石棉瓦屋面等的轻屋面	11	29	15	46	34	18

[cm/m²]

【表3】针对风压力的检核 　　※各层的外表面积 ×下表数值

	与外表面积相乘的数值
一般区域	50
特定的强风区域	50 ~ 75 范围内的特定数值

[cm/m²]

※木结构2层建筑 日本瓦屋面

① 计算各层的楼地板面积。

■ 构造用板（厚7.5mm）
□ 木对角斜撑（3×9cm）(单一方向）

一层平面图

二层平面图

7.28m

7.28m

5.46m

进深向

开间向

7.28×5.46=39.7488

7.28×5.46=39.7488

一层楼地板面积 | 39.75m²

二层楼地板面积 | 39.75m²

第2章 木结构 **3** 传统工法

楼地板面积（针对地震力的计算使用）

② 计算一层的开间和进深向的外表面积。
（计算从一层楼板面高1.35m处的上部面积。）

进深向

开间向

5.46

8.19

0.455 7.28 0.455

Ⓐ

1.10

1.27

▽檐高

Ⓑ

2.80

2.63

▽2FL

1.75

1.35m

1.35

3.10

1.35 3.10

▽1FL

0.45

0.45

▽GL

Ⓐ 5.46×1.1×1/2=3.003
Ⓑ 5.46×(2.8+1.75)=24.843
Ⓐ+Ⓑ 24.843+3.003=27.846

Ⓐ 8.19×1.27=10.4013
Ⓑ 7.28×(2.63+1.75)=31.8864
Ⓐ+Ⓑ 31.8864+10.4013=42.2877

一层进深向的外表面积 | 27.85m²

一层开间向的外表面积 | 42.29m²

外表面积（针对风压力的计算）

③ 计算二层的开间和进深向的外表面积。
（计算从二层楼板面高1.35m处的上部面积。）

进深向

开间向

5.46

8.19

0.455 7.28 0.455

Ⓐ

1.10

1.27

▽檐高

Ⓑ

1.45

2.80

1.28 1.27

▽2FL

1.35m

1.35

1.35 1.28 2.63

1.35m

▽1FL

▽GL

Ⓐ 5.46×1.1×1/2=3.003
Ⓑ 5.46×1.45=7.917
Ⓐ+Ⓑ 7.917+3.003=10.92

Ⓐ 8.19×1.27=10.4013
Ⓑ 7.28×1.28=9.3184
Ⓐ+Ⓑ 9.3184+10.4013=19.7197

二层进深向的外表面积 | 10.92m²

二层开间向的外表面积 | 19.72m²

(0.91m)

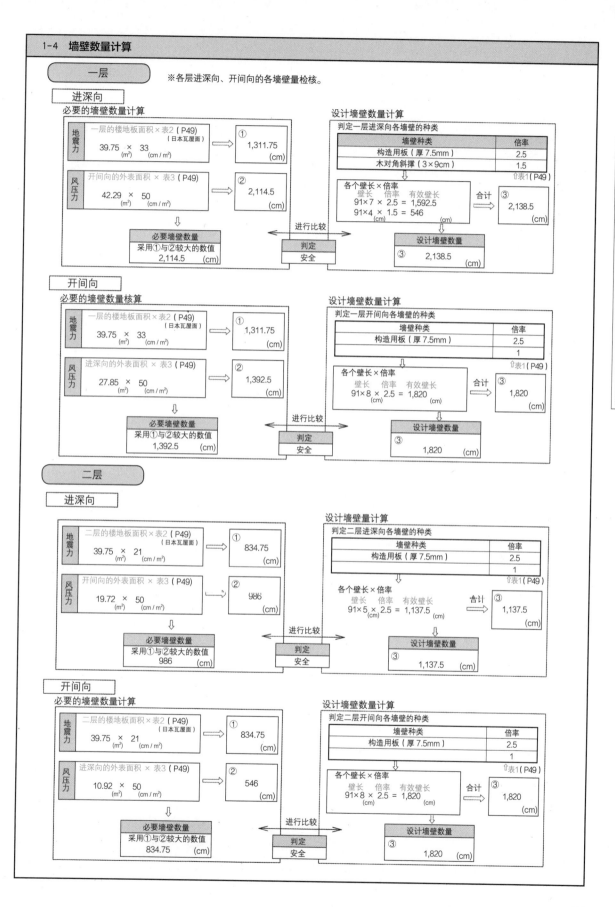

一层

※各层进深向、开间向的各墙壁量检核。

进深向

必要的墙壁数量计算

| 地震力 | 一层的楼地板面积 × 表2（P49）
（日本瓦屋面）
39.75 × 33
(m²) (cm/m²) | ⇒ | ① 1,311.75 (cm) |
| 风压力 | 开间向的外表面积 × 表3（P49）
42.29 × 50
(m²) (cm/m²) | ⇒ | ② 2,114.5 (cm) |

⇓

必要墙壁数量
采用①与②较大的数值
2,114.5 (cm)

进行比较
判定 安全

设计墙壁数量计算

判定一层进深向各墙壁的种类

墙壁种类	倍率
构造用板（厚7.5mm）	2.5
木对角斜撑（3×9cm）	1.5

⇑表1（P49）

各个壁长×倍率
壁长 倍率 有效壁长
91×7 × 2.5 = 1,592.5
91×4 × 1.5 = 546 (cm)

合计 ③ 2,138.5 (cm)

设计墙壁数量
③ 2,138.5 (cm)

开间向

必要的墙壁数量核算

| 地震力 | 一层的楼地板面积 × 表2（P49）
（日本瓦屋面）
39.75 × 33
(m²) (cm/m²) | ⇒ | ① 1,311.75 (cm) |
| 风压力 | 进深向的外表面积 × 表3（P49）
27.85 × 50
(m²) (cm/m²) | ⇒ | ② 1,392.5 (cm) |

⇓

必要墙壁数量
采用①与②较大的数值
1,392.5 (cm)

进行比较
判定 安全

设计墙壁数量计算

判定一层开间向各墙壁的种类

墙壁种类	倍率
构造用板（厚7.5mm）	2.5
	1

⇑表1（P49）

各个壁长×倍率
壁长 倍率 有效壁长
91×8 × 2.5 = 1,820 (cm)

合计 ③ 1,820 (cm)

设计墙壁数量
③ 1,820 (cm)

二层

进深向

| 地震力 | 二层的楼地板面积 × 表2（P49）
（日本瓦屋面）
39.75 × 21
(m²) (cm/m²) | ⇒ | ① 834.75 (cm) |
| 风压力 | 开间向的外表面积 × 表3（P49）
19.72 × 50
(m²) (cm/m²) | ⇒ | ② 986 (cm) |

⇓

必要墙壁数量
采用①与②较大的数值
986 (cm)

进行比较
判定 安全

设计墙壁量计算

判定二层进深向各墙壁的种类

墙壁种类	倍率
构造用板（厚7.5mm）	2.5
	1

⇑表1（P49）

各个壁长×倍率
壁长 倍率 有效壁长
91×5 × 2.5 = 1,137.5 (cm)

合计 ③ 1,137.5 (cm)

设计墙壁数量
③ 1,137.5 (cm)

开间向

必要的墙壁数量计算

| 地震力 | 二层的楼地板面积 × 表2（P49）
（日本瓦屋面）
39.75 × 21
(m²) (cm/m²) | ⇒ | ① 834.75 (cm) |
| 风压力 | 进深向的外表面积 × 表3（P49）
10.92 × 50
(m²) (cm/m²) | ⇒ | ② 546 (cm) |

⇓

必要墙壁数量
采用①与②较大的数值
834.75 (cm)

进行比较
判定 安全

设计墙壁数量计算

判定二层开间向各墙壁的种类

墙壁种类	倍率
构造用板（厚7.5mm）	2.5
	1

⇑表1（P49）

各个壁长×倍率
壁长 倍率 有效壁长
91×8 × 2.5 = 1,820 (cm)

合计 ③ 1,820 (cm)

设计墙壁数量
③ 1,820 (cm)

即使满足前项墙壁量计算的数量，若设置抗震墙的位置不当，也会造成建筑物的不稳定。

设置抗震墙时，须从进深向、开间向两侧壁内侧，在适当的范围内（1/4范围），进行较佳的平衡设计。

※当在计算偏心率时，数值为0.3以下的抗震墙，位置的检核就不需要了。

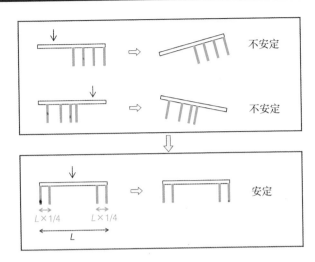

2-1 设置抗震墙的墙壁数量计算方法

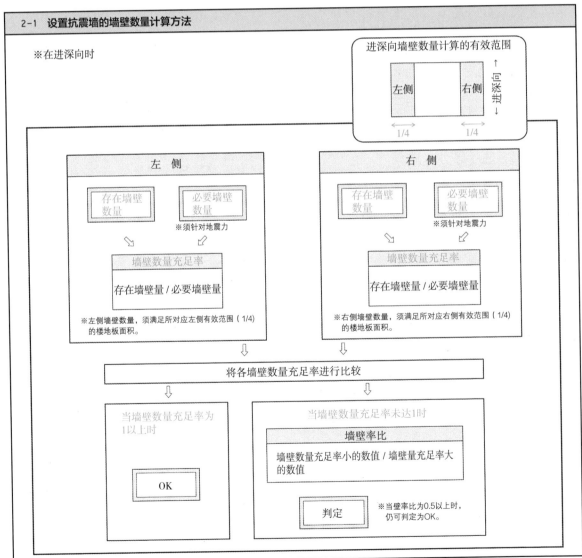

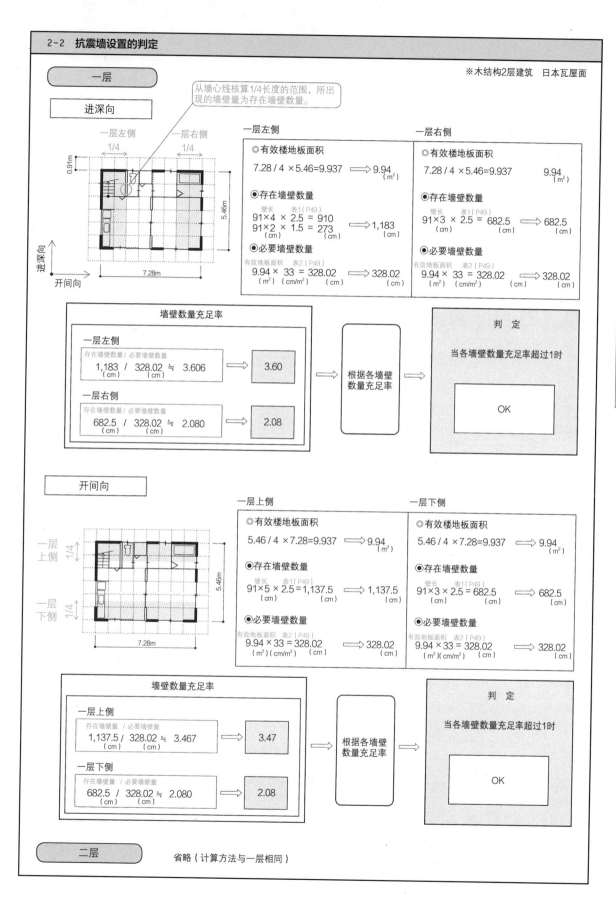

2-2 抗震墙设置的判定

※木结构2层建筑 日本瓦屋面

一层

进深向

从墙心线核算1/4长度的范围，所出现的墙壁量为存在墙壁数量。

一层左侧

◎有效楼地板面积

$7.28 / 4 \times 5.46 = 9.937 \Rightarrow 9.94$ (m²)

●存在墙壁数量 壁长 表1(P49)

$91 \times 4 \times 2.5 = 910$ (cm)
$91 \times 2 \times 1.5 = 273$ (cm) $\Rightarrow 1,183$ (cm)

●必要墙壁数量 有效地板面积 表2(P49)

$9.94 \times 33 = 328.02$ (m²)(cm/m²)(cm) $\Rightarrow 328.02$ (cm)

一层右侧

◎有效楼地板面积

$7.28 / 4 \times 5.46 = 9.937$ $\quad 9.94$ (m²)

●存在墙壁数量 壁长 表1(P49)

$91 \times 3 \times 2.5 = 682.5$ (cm) $\Rightarrow 682.5$ (cm)

●必要墙壁数量 有效地板面积 表2(P49)

$9.94 \times 33 = 328.02$ (m²)(cm/m²)(cm) $\Rightarrow 328.02$ (cm)

0.91m 5.46m 7.28m

进深向 开间向 一层左侧 1/4 一层右侧 1/4

墙壁数量充足率

一层左侧 存在墙壁数量 / 必要墙壁数量

$1,183 / 328.02 ≒ 3.606$ (cm)(cm) $\Rightarrow$ **3.60**

一层右侧 存在墙壁数量 / 必要墙壁数量

$682.5 / 328.02 ≒ 2.080$ (cm)(cm) $\Rightarrow$ **2.08**

根据各墙壁数量充足率 $\Rightarrow$

判 定

当各墙壁数量充足率超过1时

OK

开间向

一层上侧

◎有效楼地板面积

$5.46 / 4 \times 7.28 = 9.937 \Rightarrow 9.94$ (m²)

●存在墙壁数量 壁长 表1(P49)

$91 \times 5 \times 2.5 = 1,137.5$ (cm) $\Rightarrow 1,137.5$ (cm)

●必要墙壁数量 有效地板面积 表2(P49)

$9.94 \times 33 = 328.02$ (m²)(cm/m²)(cm) $\Rightarrow 328.02$ (cm)

一层下侧

◎有效楼地板面积

$5.46 / 4 \times 7.28 = 9.937 \Rightarrow 9.94$ (m²)

●存在墙壁数量 壁长 表1(P49)

$91 \times 3 \times 2.5 = 682.5$ (cm) $\Rightarrow 682.5$ (cm)

●必要墙壁数量 有效地板面积 表2(P49)

$9.94 \times 33 = 328.02$ (m²)(cm/m²)(cm) $\Rightarrow 328.02$ (cm)

一层上侧 1/4 一层下侧 1/4 5.46m 7.28m

墙壁数量充足率

一层上侧 存在墙壁量 / 必要墙壁量

$1,137.5 / 328.02 ≒ 3.467$ (cm)(cm) $\Rightarrow$ **3.47**

一层下侧 存在墙壁量 / 必要墙壁量

$682.5 / 328.02 ≒ 2.080$ (cm)(cm) $\Rightarrow$ **2.08**

根据各墙壁数量充足率 $\Rightarrow$

判 定

当各墙壁数量充足率超过1时

OK

二层 省略（计算方法与一层相同）

第2章 木结构 3 传统工法

屋架

屋架：将屋顶荷载或积雪等外力，传递至柱或
墙的构造。

※屋架的组合，可构成屋顶类型。

⇩

屋顶类型示例（参照P161）

a. 双坡顶　　　b. 庑殿顶

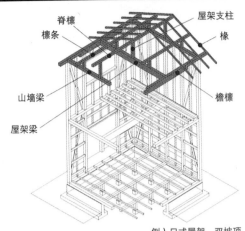

例）日式屋架、双坡顶

脊檩　　屋架支柱
檩条　　　椽
山墙梁
屋架梁　　檐檩

1 屋架的种类与特征

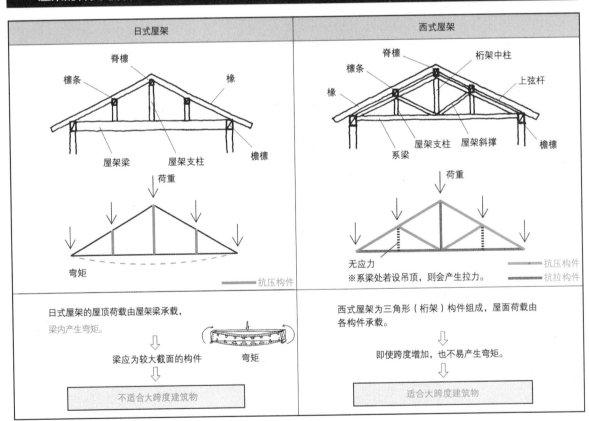

日式屋架	西式屋架
脊檩　檩条　椽　屋架梁　屋架支柱　檐檩	脊檩　桁架中柱　檩条　上弦杆　椽　屋架支柱　屋架斜撑　系梁　檐檩
荷重　弯矩　抗压构件	荷重　无应力　抗压构件　抗拉构件　※系梁处若设吊顶，则会产生拉力。
日式屋架的屋顶荷载由屋架梁承载，梁内产生弯矩。⇩ 梁应为较大截面的构件 弯矩 ⇩ 不适合大跨度建筑物	西式屋架为三角形（桁架）构件组成，屋面荷载由各构件承载。⇩ 即使跨度增加，也不易产生弯矩。⇩ 适合大跨度建筑物

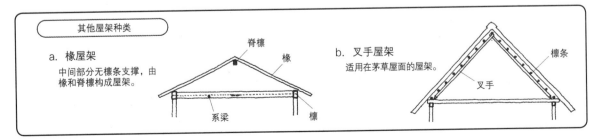

其他屋架种类

a. 椽屋架

中间部分无檩条支撑，由
椽和脊檩构成屋架。

脊檩　椽

系梁　檩

b. 叉手屋架

适用在茅草屋面的屋架。

檩条

叉手

日式屋架特征　　屋架梁为屋架支柱竖向支承屋面荷载的构造 ⇨ 短柱支承屋架

- 屋架梁在跨度较大处，使用圆木料较多。
- 加工、组装所需耗费的时间较少，较为经济。
- 一般适用在进深为7m以下的建筑物。
- 适用于复杂的屋顶型式，自由度较高。

近年来，较多使用集成材料。

① 日式屋架各部位名称与功用

与屋顶型式有关所采用的主要构件

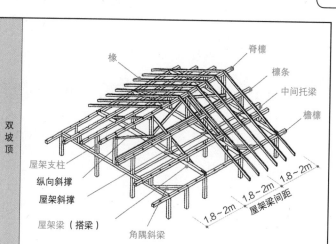

双坡顶

（图中标注：椽、脊檩、檩条、中间托梁、檐檩、屋架支柱、纵向斜撑、屋架斜撑、屋架梁（搭梁）、角隅斜梁、1.8～2m、1.8～2m、1.8～2m 屋架梁间距）

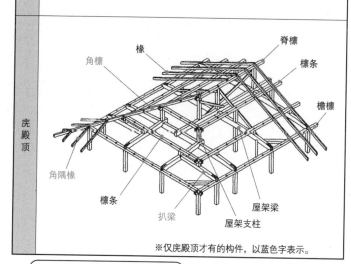

庑殿顶

（图中标注：椽、脊檩、角檩、檩条、檐檩、角隅椽、檩条、屋架梁、扒梁、屋架支柱）

※仅庑殿顶才有的构件，以蓝色字表示。

脊　　檩：设在屋顶脊部，与檩条共同支承椽，为定位开间向屋架的水平构件。

檩　　条：设在屋架支柱上，为架设开间向屋架的水平构件。
可支承椽。

椽：跨接屋脊、檩条至檐檩所架设的构件。可支承望板。

屋架支柱：将檩条与脊檩荷载传递至屋架梁的垂直构件。
※支承脊檩的屋架支柱，称为脊柱。

屋　架　梁：支承屋面荷载，会产生弯矩。

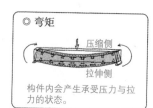

◎ 弯矩
（图中标注：压缩侧、拉伸侧）
构件内会产生承受压力与拉力的状态。

※使用松圆木跨度较大时，构件的背侧须面向上。

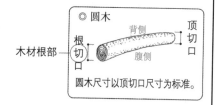

◎ 圆木
（图中标注：背侧、顶切口、根切口、腹侧、木材根部）
圆木尺寸以顶切口尺寸为标准。

庑殿顶所用的构件

角　　檩：与檩条交接，可支承角隅椽。

角　隅　椽：设在庑殿顶，为设在角檩上的构件。
会因所设的位置差异，每根长度皆不相同。

扒　　梁：设在庑殿顶，为可支承设在檩条角隅部位的角檩屋架支柱，在檐檩与屋架梁间所架设的构件。

屋架斜撑：为相互连接屋架，设在进深向的斜向构件。
可增加进深向的刚度。

角隅斜梁：设在屋架水平面角隅处的斜向构件，可增加水平面的刚度。
※与地板构造的角隅斜梁具有相同的功用。

② 日式屋架类型

◎ 短柱屋架：一般屋架类型。

　　※一般适用在进深向约为5.4m（3间）以内的屋架。

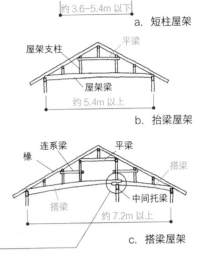

脊檩　椽

檩条　屋架支柱

檐檩

屋架梁

约3.6~5.4m以下

a. 短柱屋架

◎ 抬梁屋架：架设平梁，以避免短柱过长的屋架类型。

　　※一般适用在进深向约为5.4m（3间）以上的大型屋架。

屋架支柱　平梁

屋架梁

约5.4m以上

b. 抬梁屋架

◎ 搭梁屋架：设在跨度较大的状况，为正式的屋架类型。

　　在中间托梁上，接续屋架梁。

　　※一般适用在进深向约为7.2m（4间）以上的大型屋架。

椽　连系梁　平梁

搭梁

搭梁　中间托梁

约7.2m以上

c. 搭梁屋架

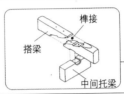

榫接

搭梁

中间托梁

③ 各部位细部

屋架梁与檐檩细部

搁檩屋架构法（一般工法）	置柱屋架构法
将屋架梁架设在檐檩上 适合柱间距不规则的建筑物	将屋架梁直接架设在柱上 当柱间距不规则时，屋架梁间距也会变得不规则
屋架梁 檐檩 柱 胄形燕尾榫接 连檐垫板 檐檩 长榫	屋架梁 檐檩 柱 柱与梁直接接合，节点构成较为坚固。 檐垫板(P162)

（第一列细部）
椽
望板
连檐垫板
椽
屋架梁
带眼螺栓

（第二列细部）
柱与梁直接接合，节点构成较为坚固。
檐垫板(P162)

檐檩　相交搭接
屋架梁　重叠榫

檐檩　屋架梁
带孔螺栓

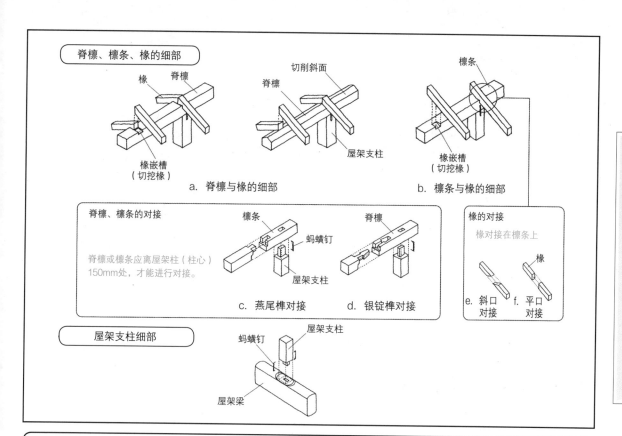

脊檩、檩条、椽的细部

椽 脊檩

椽嵌槽（切挖椽）

a. 脊檩与椽的细部

切削斜面

脊檩

屋架支柱

b. 檩条与椽的细部

檩条

椽嵌槽（切挖椽）

脊檩、檩条的对接

脊檩或檩条应离屋架柱（柱心）150mm处，才能进行对接。

檩条

蚂蟥钉

屋架支柱

c. 燕尾榫对接

脊檩

d. 银锭榫对接

椽的对接

椽对接在檩条上

椽

e. 斜口对接　f. 平口对接

屋架支柱细部

蚂蟥钉　屋架支柱

屋架梁

主要构材的截面尺寸与间距

	截面尺寸	间距
椽	45×45（60）	@ 455
屋架支柱	90×90	@ 1820 以下（与檩条对应）
檩条	90×90	@ 910
屋架梁	根据跨度决定	@ 1820 以下

（单位mm）

---

3 西式屋架

西式屋架特征

· 以三角构架（桁架）构成，小截面构材就可组成屋架。　　　　（参照P54）

· 适合较大的跨度。

　　一般适用在进深向为15m以内的屋架。

· 加工精度会影响强度，因而施工时应留意。

· 屋架重量较轻，构架坚固。

---

① 西式屋架类型

单柱

双柱

a. 单柱屋架（参照下页）

b. 双柱屋架（参照下页）

c. 折腰屋架

d. 单坡屋架

e. 锯齿形屋架

② 各部位名称与功能

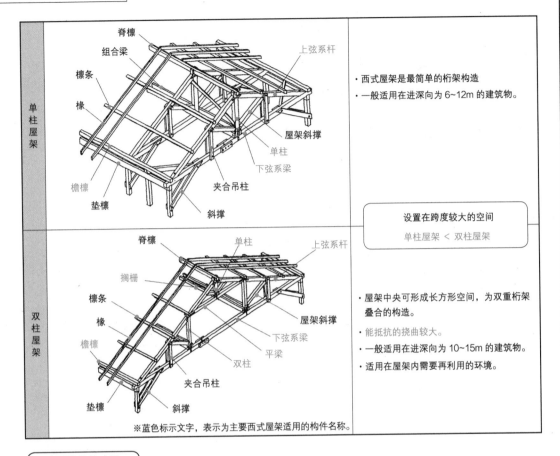

单柱屋架

脊檩
组合梁
檩条
椽
檐檩
垫檩
斜撑
上弦系杆
屋架斜撑
单柱
下弦系梁
夹合吊柱

· 西式屋架是最简单的桁架构造
· 一般适用在进深向为 6~12m 的建筑物。

设置在跨度较大的空间
单柱屋架 < 双柱屋架

双柱屋架

脊檩
搁栅
檩条
椽
檐檩
垫檩
斜撑
单柱
上弦系杆
屋架斜撑
下弦系梁
平梁
双柱
夹合吊柱

· 屋架中央可形成长方形空间,为双重桁架叠合的构造。
· 能抵抗的挠曲较大。
· 一般适用在进深向为 10~15m 的建筑物。
· 适用在屋架内需要再利用的环境。

※蓝色标示文字,表示为主要西式屋架适用的构件名称。

主要构件的功用

单　　柱:支承脊檩、悬吊下弦系梁上的构件,承受拉力。也接系上弦系杆、屋架斜撑等。
下弦系梁:承受拉力,与日式屋架的屋架梁相比,截面较小。
上弦系杆:承受压力,当传递从檩条的荷载时会产生弯矩,为桁架构件中截面尺寸最大者。
屋架斜撑:为分散桁架从屋面所传递荷载的构件,其中部分传递至单柱下部的斜向构件,承受压力。

③ 各部件的细部

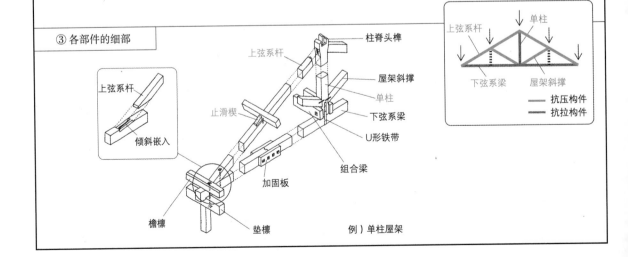

上弦系杆
倾斜嵌入
止滑楔
上弦系杆
柱脊头榫
屋架斜撑
单柱
下弦系梁
U形铁带
组合梁
加固板
檐檩
垫檩

上弦系杆
单柱
下弦系梁
屋架斜撑
—— 抗压构件
—— 抗拉构件

例)单柱屋架

地板构造

1　一层地板构造

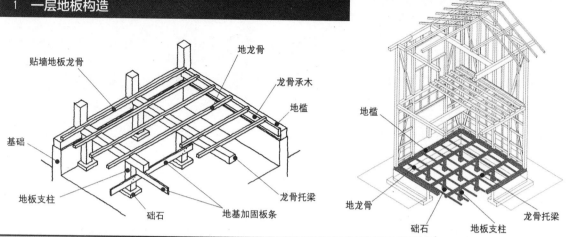

（左图标注）贴墙地板龙骨、地龙骨、龙骨承木、地槛、基础、地板支柱、础石、地基加固板条、龙骨托梁

（右图标注）地槛、地龙骨、础石、地板支柱、龙骨托梁

1-1　底层架高地板

底层架高地板：架设在地基础石上，竖立支承柱支撑的地板。

① 各部位名称与注意事项

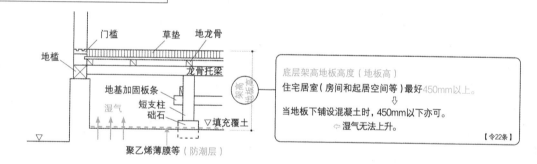

（左图标注）门槛、草垫、地龙骨、地槛、龙骨托梁、地基加固板条、短支柱、础石、填充覆土、湿气、聚乙烯薄膜等（防潮层）

底层架高地板高度（地板高）

住宅居室（房间和起居空间等）最好450mm以上。
⇩
当地板下铺设混凝土时，450mm以下亦可。
⇨ 湿气无法上升。

【令22条】

· 底层地板由于会受到从地面上升的湿气影响，因此通风换气很重要。⇨ 设置地板通风换气口等（参照P35）
· 面对从地面上升的湿气，设置防潮层的策略是有效的。　　⇨ 设置聚乙烯薄膜等
· 不仅地槛，针对地板构造、框架进行防腐处理是必要的。　⇨ 从地平面高1m的高度范围（参照P37）

② 地板的架高与细部

在二层处，为地板梁、柱间系梁。

在装设地龙骨前，须确认底层的龙骨托梁和龙骨承木是否平整。
⇨为了让地板作业可达到水平！

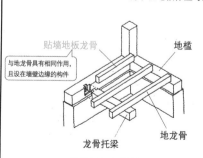

（标注）贴墙地板龙骨｜与地龙骨具有相同作用，且设在墙壁边缘的构件｜地槛、地龙骨、龙骨托梁

a. 龙骨托梁与地槛的顶部设置

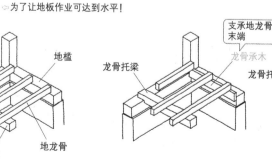

（标注）龙骨托梁、龙骨承木｜支承地龙骨末端

b. 龙骨托梁嵌入地槛的状况

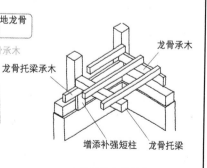

（标注）龙骨承木、龙骨托梁承木、龙骨托梁、增添补强短柱

c. 地板抬高的状况

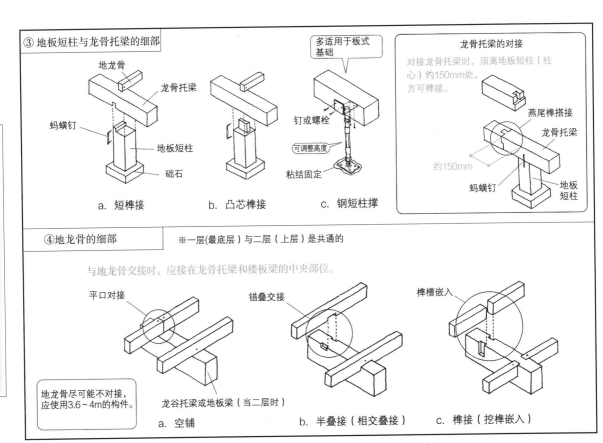

③地板短柱与龙骨托梁的细部

多适用于板式基础

地龙骨
龙骨托梁
蚂蟥钉
地板短柱
础石

a. 短榫接

b. 凸芯榫接

钉或螺栓
可调整高度
粘结固定

c. 钢短柱撑

龙骨托梁的对接

对接龙骨托梁时，须离地板短柱（柱心）约150mm处，方可榫接。

燕尾榫搭接
龙骨托梁
约150mm
蚂蟥钉
地板短柱

④地龙骨的细部　　　　※一层(最底层)与二层（上层）是共通的

与地龙骨交接时，应接在龙骨托梁和楼板梁的中央部位。

平口对接

错叠交接

榫槽嵌入

地龙骨尽可能不对接，应使用3.6~4m的构件。

龙谷托梁或地板梁（当二层时）

a. 空铺

b. 半叠接（相交叠接）

c. 榫接（挖榫嵌入）

1-2　空铺木地板

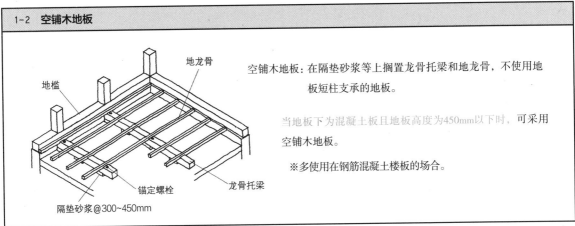

地龙骨
地槛
锚定螺栓
隔垫砂浆@300~450mm
龙骨托梁

空铺木地板：在隔垫砂浆等上搁置龙骨托梁和地龙骨，不使用地板短柱支承的地板。

当地板下为混凝土板且地板高度为450mm以下时，可采用空铺木地板。

※多使用在钢筋混凝土楼板的场合。

地板构造所用材料的主要截面尺寸与间距	截面尺寸	间距
一层地龙骨(草垫地板、壁橱、储藏室)	45×45	@ 455
一层地龙骨（铺贴地板）	45×45	@ 303
二层地龙骨(草垫地板、壁橱、储藏室)	45×105	@ 455
二层地龙骨（铺贴地板）	45×105	@ 303
龙骨托梁	90×90	@ 910
地板短柱	90×90	@ 910

（单位：mm）

确认一层与二层地板构造的构件截面尺寸是不同的！

一层地板构造

二层地板构造

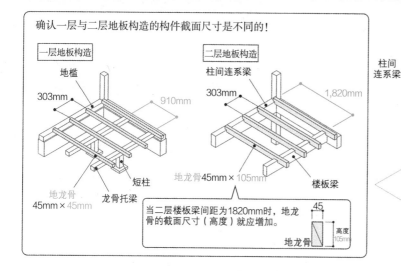

地槛

303mm

910mm

柱间连系梁

303mm

1,820mm

地龙骨45mm×105mm

楼板梁

地龙骨 45mm×45mm

短柱

龙骨托梁

当二层楼板梁间距为1820mm时，地龙骨的截面尺寸（高度）就应增加。

45

高度 105mm

地龙骨

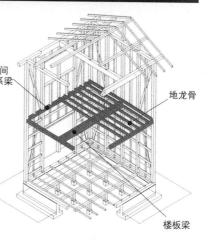

柱间连系梁

地龙骨

楼板梁

底层地板构造，可利用下侧的地基直接支承地板。但二层地板支承就无法如此，须以梁传递与地板承载。因此，应当留意振动和挠曲等问题。

2-1 二层（上层）地板构造的种类与细部

① 地板构造的构成

a. 龙骨地板构造（走廊、壁橱等）

龙骨

约1.8m

檩条或梁

当走廊等间距较窄时，楼板梁可直接使用龙骨。

◎龙骨的截面尺寸

地板梁间距为910mm时：45mm×45mm

地板梁间距为1820mm时：45mm×105mm

◎大梁间距：3.6~5.4m

◎小梁间距：1.8m

b. 搁栅梁地板构造

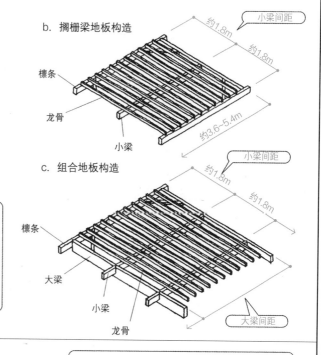

小梁间距

约1.8m

约1.8m

檩条

龙骨

小梁

约3.6~5.4m

c. 组合地板构造

小梁间距

约1.8m

约1.8m

檩条

大梁

小梁

龙骨

大梁间距

② 地板梁的搭接

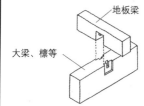

地板梁

大梁、檩等

带眼螺栓

a. 扣挂燕尾榫

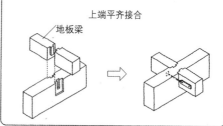

上端平齐接合

地板梁

2-2 刚性地板

刚性地板：为提高水平面刚性所设置的地板。

· 当铺设构造用板时，确保龙骨、地板梁、柱间系梁的水平是重要的。
· 可略去角隅斜梁

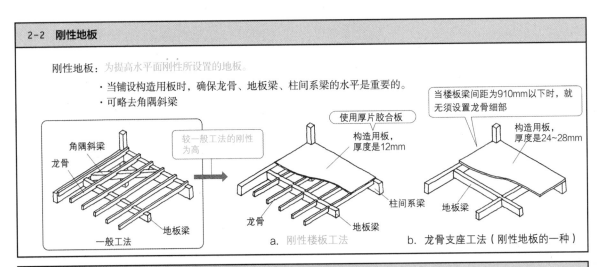

较一般工法的刚性为高

使用厚片胶合板

构造用板，厚度是12mm

当楼板梁间距为910mm以下时，就无须设置龙骨细部

构造用板，厚度是24~28mm

角隅斜梁
龙骨
柱间系梁
地板梁
龙骨
地板梁
一般工法

a. 刚性楼板工法

b. 龙骨支座工法（刚性地板的一种）

2-3 楼板梁的注意事项

① 梁挠度

梁的最大挠度，应低于跨度的1/300再加2cm。因此，应当注意避免因震动所产生的危害。

⇦（设计标准）

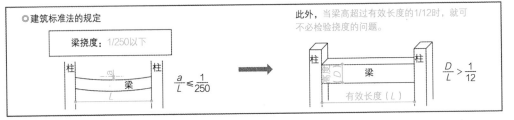

◎建筑标准法的规定

梁挠度：1/250以下

此外，当梁高超过有效长度的1/12时，就可不必检验挠度的问题。

$$\frac{a}{L} \leqslant \frac{1}{250}$$

$$\frac{D}{L} > \frac{1}{12}$$

有效长度（L）

② 梁的注意要点

◎在梁中央部位的底侧，由于会受到拉力的影响，因此要尽量避免设置接口。

◎对于主要承载构造所用的木材，不得使用具有木节、腐朽、纤维歪斜、缺角木等（P24）会对承载产生缺陷的材料。

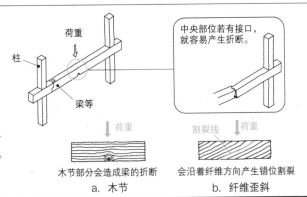

荷重
柱
梁等

中央部位若有接口，就容易产生折断。

荷重
木节部分会造成梁的折断
a. 木节

荷重
割裂线
会沿着纤维方向产生错位割裂
b. 纤维歪斜

大跨度梁的种类

一般木构造，当跨度为4~6m时最为经济。因此，当跨度增加时，应当使用夹合梁、组配梁、集成板或轻型钢结构梁等为妥。

a. 夹合梁

b. 组配梁（重叠梁）

c. 集成板梁

d. 轻型钢结构梁（斜格构梁）等等

楼梯

1-1 楼梯的种类与构造

① 日式楼梯

箱型楼梯

以受力侧梁架设的简单构造，此楼梯的坡度较陡。

由侧梁、踏板和里板等构成。

※适用在楼梯宽度约为1m的场合。

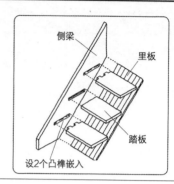

设2个凸榫嵌入

② 西式楼梯

侧梁楼梯

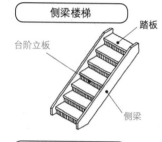

侧梁两端为架设在地槛或梁上，以接合五金件系接补强的楼梯。

由侧梁、踏板和台阶立板等构成。

※当楼梯宽度超过1.2m时，在楼梯中心处须设加劲梁补强。

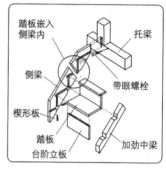

踏板嵌入侧梁内　托梁
侧梁　带眼螺栓
楔形板
踏板　加劲中梁
台阶立板

透空侧梁楼梯

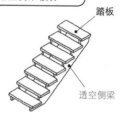

> 侧梁须加工成可支撑踏板的型式

透空侧梁两端为架设在地槛或梁上，以接合五金件系接补强的楼梯。

由透空侧梁、踏板等构成。

※若使用在玄关门厅等中庭处，可带来轻快的感觉。

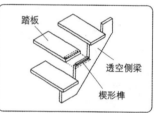

踏板　透空侧梁　楔形榫

加劲中梁楼梯

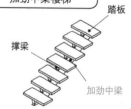

由加劲中梁、踏板等构成

※较透空侧梁楼梯，更给人带来轻快的感觉。

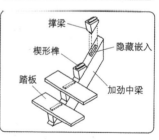

撑梁　隐藏嵌入
楔形榫
踏板　加劲中梁

楼梯型式

a. 直通梯

b. 平行转折梯

c.（直角）折行转折梯

d. 回转梯（螺旋梯）

连接处理

1 木材相互间的连接方式

1-1 对接

对接：构件与构件对向搭接的连接方式。

※对接应设在应力（弯矩、剪力、轴力）最小处。

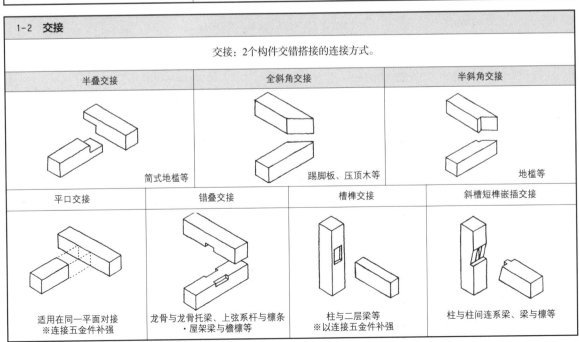

半叠对接	燕尾榫对接	银锭榫对接
简式地槛、龙骨托梁等	地槛、龙骨托梁、檩（檐檩等）、檩条等	地槛、龙骨托梁、檩（檐檩等） ※适用于水平拉力的构件
凸榫对接	**斜口对接**	**加固板螺栓对接**
横木板条、踢脚板、压顶木等	龙骨、椽等 ※结合粘结剂使用，效果更好	加固板 螺栓 桁架梁等
斜挂扣合对接	**企口斜嵌对接**	**斜嵌对接**
地槛、檩（檐檩等）柱间连系梁、檩条等	地槛、檩（檐檩等）柱等	屋架梁、檩（檐檩等）等

1-2 交接

交接：2个构件交错搭接的连接方式。

半叠交接	全斜角交接	半斜角交接
简式地槛等	踢脚板、压顶木等	地槛等

平口交接	错叠交接	槽榫交接	斜槽短榫嵌插交接
适用在同一平面对接 ※连接五金件补强	龙骨与龙骨托梁、上弦系杆与檩条 ·屋架梁与檐檩等	柱与二层梁等 ※以连接五金件补强	柱与柱间连系梁、梁与檩等

1-3　榫接

榫接：将构件端部加工，以利其他构件插入的接合方式。

短榫接	长榫接	小根榫接
短柱上下端、间柱上下端等	柱上下端等	角柱与横板条、地槛角隅的接头等
缘突小根榫接	重叠榫接	楔形榫接
※为小根榫等的精致接头 地槛角隅的接头等	※适用在置柱屋架构（P56）的场合 柱上端与檩和梁的接头等	地槛T字形接口的接头等
扇形榫接	柱脊头榫接	双重榫接
地槛角隅柱接头等	单柱（西式屋架）的上端等	拉门隔扇的接头等

1-4　连接处理的注意事项

◎对接应设在应力最小处。

◎对接设置的位置，不能成为分散结构承载的障碍。

◎对接、交接与榫接处，不能使用内含木节的材料。

◎对接和交接处，会因连接类型（连接方式）的不同，而对作用力的抵抗性能产生差异，因此应选择合适连接应力的接榫。

◎接合处的容许应力，会因材料徐变而受到影响。

〔 因时间而生成的变形 〕

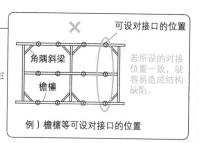

例）檐檩等可设对接口的位置

若所设的对接位置一致，就容易造成结构缺陷。

〔 预制切割 〕

在传统构架工法中，利用机械进行构件对接和交接的接榫加工处理。

当存在木匠技术不足的状况时，可采用现有的切割工具，进行预制切割处理。

由于是机械作业，因此有无木质纹理和木节，均会影响加工。

预制切割的优点

- ·可解决木匠不足的问题（高龄化、缺乏技术时）
- ·可提高住宅品质
- ·可缩短工期，让现场加工省力
- ·可降低住宅成本
- ·可促成木材流通、共同购买等问题合理化

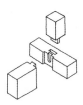

预制切割的榫接接口示例

注意事项

连接部位木材的含水状态，会直接影响连接五金件产生铁锈的问题，因此为了提高木材的耐用年限，连接五金件应进行防锈处理。

2-1　补强五金件

补强五金件：在木材连接处，为了补强而设的连接五金件。

※圆钉、螺栓，参照下项

长扁五金件	直角转折五金件	角形五金件	山形五金件
·上下层管柱 ·柱间系梁相互连接等	·通柱与柱间连系梁等	·柱与地槛 ·柱与水平构件等	·柱与地槛 ·柱与水平构件等
斜撑节点板	蝶形五金件	弯扭折曲五金件	鞍形五金件
柱与水平构件和斜撑材的紧密连接	·檐檩与椽 ·檩条与椽等	·檐檩与椽 ·檩条与椽等	·檐檩与椽 ·檩条与椽等
蚂蟥钉	单眼螺栓	柱脚五金件	角撑五金件
斜向蚂蟥钉 ·柱与水平构件 ·短柱与水平构件等	·柱与梁等	独立柱（门廊等）的柱脚	※可提高地板构造、屋架的水平支承力 地槛、檩的角隅处
托架五金件	柱脚螺栓	方头木螺钉	
·柱与基础、地槛 ·上下层管柱	·地槛与基础	螺钉式的六角螺栓 ※主要用作与钢板的连接	主要可支承剪力，也可抵抗拉力。 但不能作为承担拉力的重要构造承载部分。

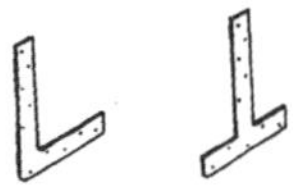

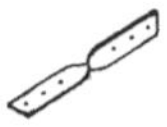

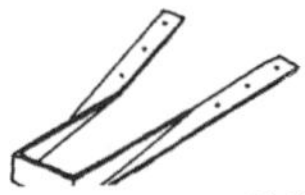

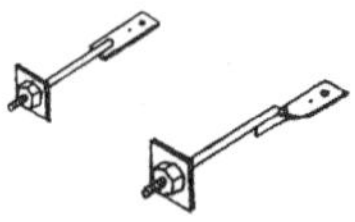

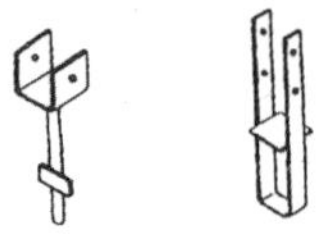

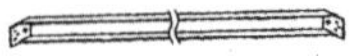

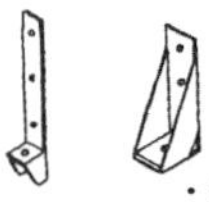

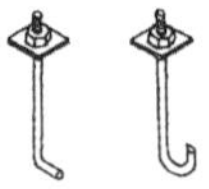

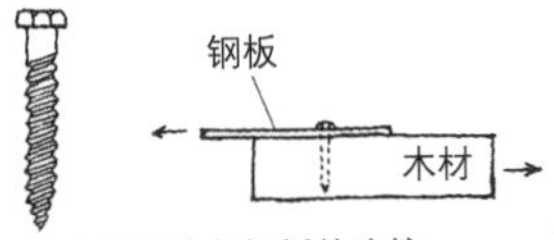

2-2　连接五金件

连接五金件：使用在木材相互间紧密结合的五金件。

剪力环	冲销钉	金属板连接器
设在连接面处，可提高螺栓抗剪能力的辅助五金件。 ◎抗剪加劲板　◎开缝环榫 剪力环　螺栓	※以使用冲销钉连接为例 冲销钉　钢材　冲销钉 上图为侧面图	使用在屋顶桁架或平行弦桁架楼板的连接处。

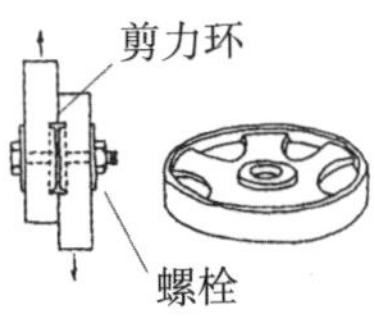

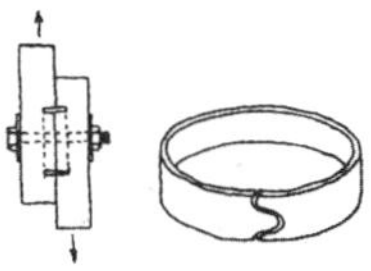

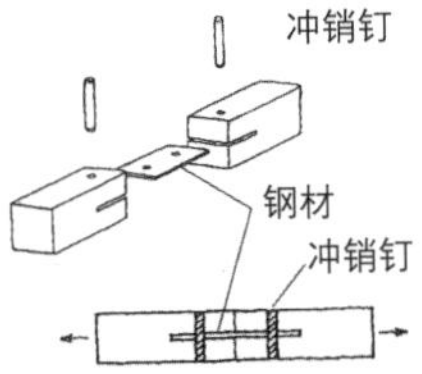

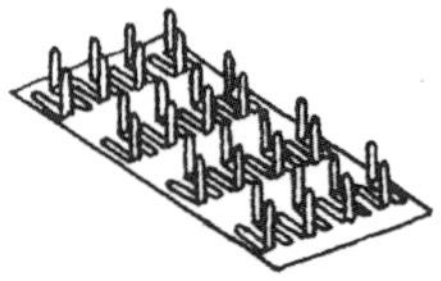

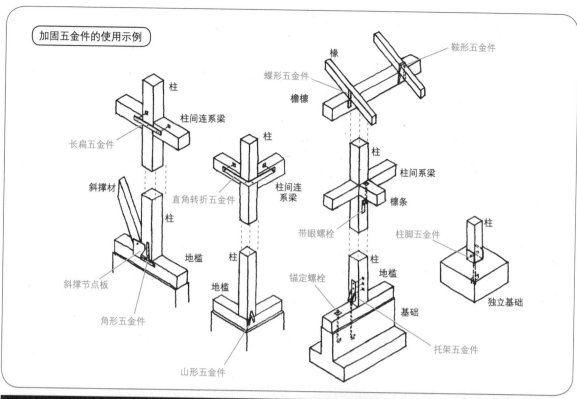

加固五金件的使用示例

鞍形五金件

蝶形五金件

檐檩

橡

柱

柱间连系梁

长扁五金件

斜撑材

柱

直角转折五金件

柱间连系梁

柱

柱间系梁

檩条

带眼螺栓

柱脚五金件

柱

斜撑节点板

地槛

地槛

柱

地槛

柱

角形五金件

锚定螺栓

基础

独立基础

山形五金件

托架五金件

---

3 钉、螺栓连接

3-1 钉连接

① 接合标准

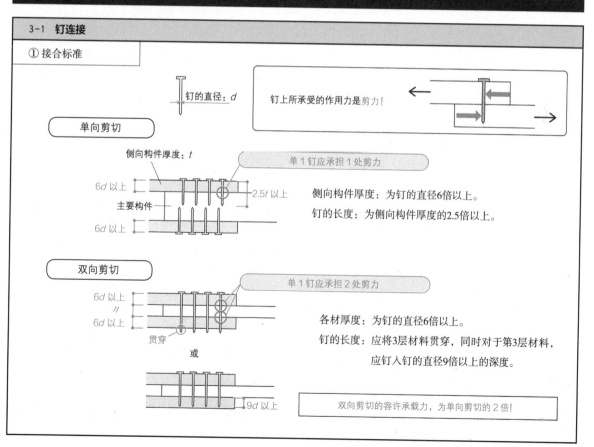

钉的直径：d

钉上所承受的作用力是**剪力**！

单向剪切

侧向构件厚度：t

单 1 钉应承担 1 处剪力

$6d$ 以上

$2.5t$ 以上

主要构件

$6d$ 以上

侧向构件厚度：为钉的直径6倍以上。

钉的长度：为侧向构件厚度的2.5倍以上。

双向剪切

单 1 钉应承担 2 处剪力

$6d$ 以上

〃

$6d$ 以上

贯穿

各材厚度：为钉的直径6倍以上。

钉的长度：应将3层材料贯穿，同时对于第3层材料，
应钉入钉的直径9倍以上的深度。

或

$9d$ 以上

双向剪切的容许承载力，为单向剪切的 2 倍！

② 容许承载力

抗拉强度

· 容许抗拉强度，会随着木材的气干材密度（参照25页）、钉的直径、钉接深度的增加而增强。

· 在构造承载作用力的主要部位，应当避免设置抵抗拉力的构件。

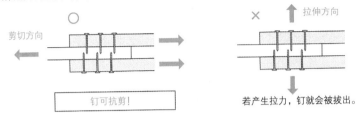

剪切方向　　　　　　　　　　　　　拉伸方向

钉可抗剪！　　　　　　　　　　若产生拉力，钉就会被拔出。

抗剪强度

· 在树种相同的状况下，容许抗剪强度会随着钉径的增加而增强。

· 作为侧向构材使用时，使用钢材的容许抗剪强度会较使用木材更大。

· 在沿着作用力的方向设置一排钉，反而会降低容许抗剪强度。

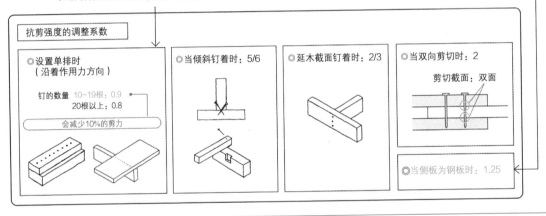

抗剪强度的调整系数

◎设置单排时
（沿着作用力方向）

钉的数量　10~19根：0.9
　　　　　　20根以上：0.8

会减少10%的剪力

◎当倾斜钉着时：5/6

◎延木截面钉着时：2/3

◎当双向剪切时：2

剪切截面：双面

◎当侧板为钢板时：1.25

③注意事项

· 当钉着时，应注意不要将钉头贯穿胶合板等材料的侧向构件。

· 当钉着顺应木材的纤维方向时，应将钉子交错钉着。

· 钉接合1处所需的钉子数量，为2根以上。

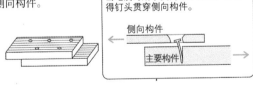

冲孔剪力

当地震时所承受的集中荷载，会使得钉头贯穿侧向构件。

侧向构件

主要构件

3-2　螺栓连接

螺栓直径

螺帽

垫圈

螺栓孔径

螺栓与螺孔间所留设的间距，会使得刚性降低但粘着性增强。

※ 如此可获得较强的强度，但在施力初期时会产生滑移，因此连接部分所产生的缺陷问题需要关注。

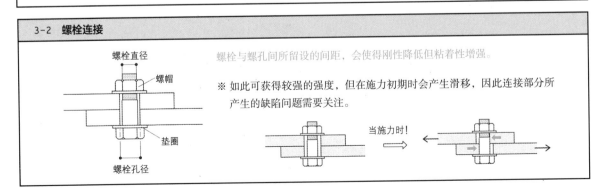

当施力时！

① 连接标准

- 螺栓直径：构造用螺栓的直径为13mm以上。
- 螺栓长度：当拧紧螺栓时，螺纹须突出螺母2个螺纹以上。
- 拧紧螺栓时，会使得垫圈稍微凹陷入木材内。

对于凹陷，垫圈须设足够的厚度。

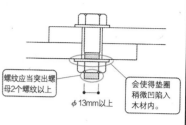

螺纹应当突出螺母2个螺纹以上

φ13mm以上

会使得垫圈稍微凹陷入木材内。

- 当螺栓连接处承担剪力时，施力方向与木材纤维方向是否平行，均会导致螺栓的配置（螺栓间距、边缘距离）产生差异。

⇧

木材断裂、破坏状况会有所差异

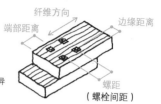

纤维方向 边缘距离 端部距离 螺距（螺栓间距）

② 容许强度

抗拉强度

容许抗拉强度，由螺栓材质、螺栓直径、垫圈大小与树种来决定。

前述的材质须同，但与螺栓长度无关！

抗剪强度

容许抗剪强度，由螺栓材质、螺栓直径、树种、连接部位的材料厚度与连接方式（单向剪切、双向剪切）来决定。

拉力

抗拉螺栓

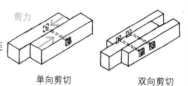

剪力

单向剪切　　　双向剪切

3-3　钉连接、螺栓连接的注意事项

◎为了不产生木材断裂，应合理确保端部与边侧的距离（前项①）。

◎木材密度较大（重）时，接合部位的容许强度就较大。

◎当施工时的木材含水率超过20%时，连接部位的容许剪力就会降低30%。

⇧ 构造用材料，应使用含水率低于20%以下的材料。（参照P24①）

◎刚度（施工时接合部位的硬度）与韧度（柔韧度）相互比较，如下状况：

柔韧度 { 刚度："螺栓连接" ＜ "钉连接"　韧度："螺栓连接" ＞ "钉连接"

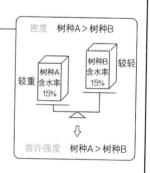

密度　树种A ＞ 树种B

树种A 含水率 15% 较重

树种B 含水率 15% 较轻

⇩

容许强度　树种A ＞ 树种B

4　连接处理的共同事项（不同连接方式的混合使用）

组合方式	连接部位强度
并用"螺栓连接"与"钉连接"	按照强度较高进行设计。不能将两者的容许强度相加混算
并用"螺栓构件"与"销钉"（P66）	仅限在连接铁件与钻孔密集的加工处。连接部分全体的容许剪力，为各连接部分剪力的和

也称为2乘4工法（2×4工法），由框架（竖框、顶框、底框、顶部连系梁等）组成骨架，表面钉着构造用板、刨花板、石膏板等构成的结构。

※相较传统工法中对接等木材加工的连接方法，由于使用钉和五金件进行连接，而使得技术容易实践。

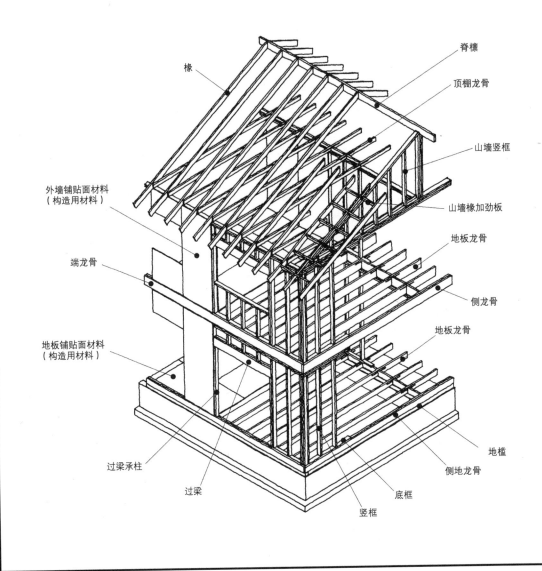

椽

脊檩

顶棚龙骨

山墙竖框

外墙铺贴面材料
（构造用材料）

山墙椽加劲板

地板龙骨

端龙骨

侧龙骨

地板龙骨

地板铺贴面材料
（构造用材料）

地槛

过梁承柱

侧地龙骨

过梁

底框

竖框

1-1　木材种类与使用部位

· 根据截面尺寸与不同尺寸型式来决定使用的部位。

· 根据材料的含水率，可分成未干材与干燥材（含水率在19%以下）。

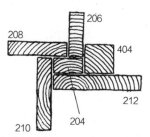

构件使用示例

尺寸型式

椽：208

地板龙骨：210

竖框：204

竖框：206

右侧栏（竖排）：第2章　木结构　4　框架墙工法

尺寸型式	截面尺寸（厚度×宽度）		定尺长度							主要使用部位			
	未干材（含水率在25%以下）	干燥材（含水率在19%以下）	2440	3050	3660	4270	4880	5490	6100	地槛	地板龙骨端龙骨侧龙骨	顶棚龙骨椽	竖框顶框底框
204	40×90	38×89											
206	40×143	38×140											
208	40×190	38×184											
210	40×241	38×235											
212	40×292	38×286											
404	90×90	89×89	3000		4000								

（引自JIS）

1-2　面板种类与使用部位

根据面板（构造用板、刨花板等）的种类，来决定使用部位。

1-3　钢钉与螺丝钉的种类

根据面板的种类差异，所使用的钢钉和螺丝钉也有所不同。

			用途	长度（mm）
钢钉		CN钉	粗钉（框架构件、构造用板等）	55, 65,75,90
		BN钉	细钉（框架构件、构造用板等）	55,65,75,90
		GNF钉	石膏板用钉	40
		SN钉	夹层板用钉	45
		SFN钉	不锈钢钉（石膏板等）	40
		ZN钉	镀锌粗钉（补强五金件使用）	40,65,90
螺丝钉		WSN螺丝钉	石膏板用螺丝钉	32以上
		DTSN螺丝钉	石膏板用螺丝钉	30以上

CN、BN钉，可根据长度区分成不同颜色

WSN螺丝钉　　SN钉　　CN钉

（引自JIS）

钢钉的表示示例 『4－CN 75』

4根　CN钉　75mm

1-4 连接五金件的种类

针对使用部位,设置可密接的连接五金件。

a. 柱脚五金件　　　　　　b. 柱头五金件

c. 龙骨连接五金件　d. 梁连接五金件　e. 带形五金件　f. 脊固定五金件

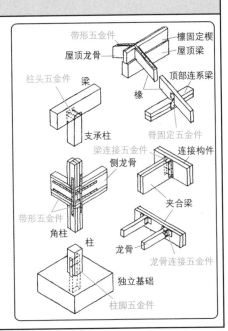

※以上举例仅是部分五金件。

2　各部位构造

2-1　地槛与锚定螺栓

地槛利用锚定螺栓与基础紧密连接。

> 锚定螺栓的设置标准

・锚定螺栓的尺寸大小:直径12mm以上
　　　　　　　　　　　　长度35cm以上
・设置锚定螺栓的间距:2m以下
※应设在角隅、地槛的对接处。

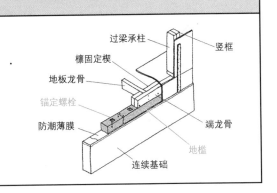

2-2　地板龙骨

> 地板龙骨的设置标准

木材种类(参照前页)

・地板龙骨材料:尺寸型式为206、208、210、212,或厚度为38mm以上、宽度为140mm以上
・地板龙骨距支撑点距离:8m以下　⇨地板龙骨长度
・地板龙骨间距:65cm以下

> 地板材料的设置标准

地板材料:・厚度为15mm以上的构造用板
　　　　　・厚度为18mm以上的刨花板
　　　　　　或是构造用面板

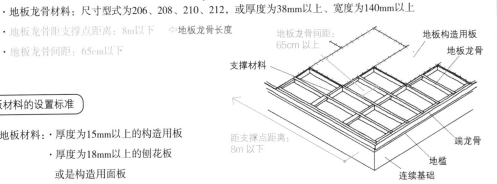

抗震墙：应对地震或台风等的水平力与垂直荷载（自重和活荷载等），而设置的安全构造墙壁。

① 抗震墙间距与面积

抗震墙墙心线间距：12m以下

此外 ⇧ 当在结构计算确认安全的状况下，可超过12m。

抗震墙墙心线围合的水平投影面积：40m²以下

⇧ 当在构造计算确认安全的状况下，可容许至60m²以下。

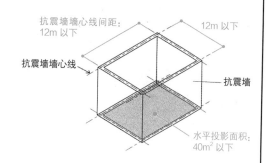

抗震墙墙心线间距：12m以下

12m以下

抗震墙墙心线

抗震墙

水平投影面积：40m²以下

② 抗震墙构造

抗震墙构造

木材种类（参照前页）
⇩

◎在抗震墙的角隅与交会处，须强化组合三层以上（采用的尺寸型式为204）的竖框。

※当使用尺寸型式为206以上时，竖框为两层。

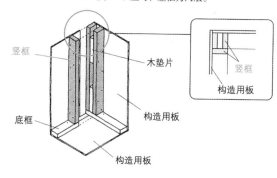

竖框

木垫片

构造用板

竖框

构造用板

底框

构造用板

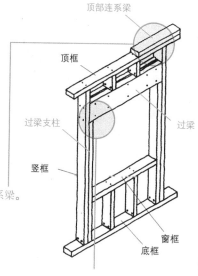

顶部连系梁

顶框

过梁支柱

过梁

竖框

窗框

底框

◎不能嵌入斜撑材料。

◎在抗震墙顶部，应当设置与抗震墙顶框相同截面尺寸的顶部连系梁。

◎原则上，抗震墙应叠合设在上下层相同的抗震墙心线上。

抗震墙可设置的开口

◎宽度为90cm以上的开口顶侧应设过梁，须按照与竖框相同的尺寸设置。

◎抗震壁可设置的开口宽度，是4m以下。

此外

能开口的总宽度，为抗震墙长度的3/4以下。

开口部总宽度	$\dfrac{a+b}{A} \leq \dfrac{3}{4}$

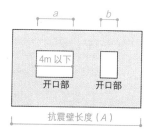

a

b

4m以下

开口部   开口部

抗震壁长度（A）

2-4 屋架

· 椽的间隔：65cm以下
· 在椽上，应当有效地设置能承载构造的椽系板。
· 在屋架上，应当设置脊檩加劲板。

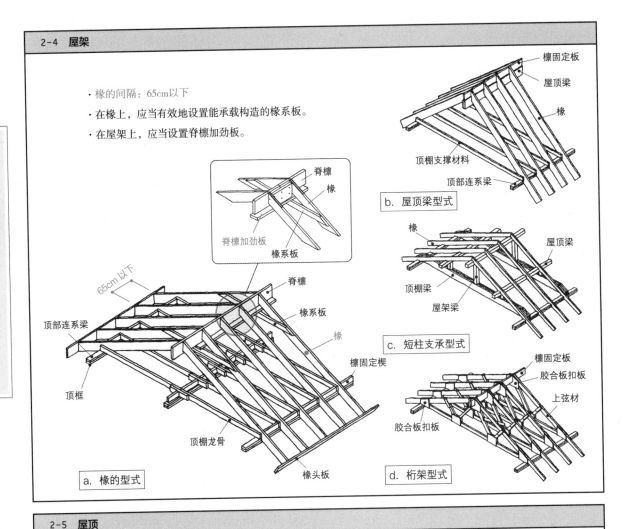

a. 椽的型式

b. 屋顶梁型式

c. 短柱支承型式

d. 桁架型式

2-5 屋顶

屋顶基层

· 厚度为12mm以上的构造用板
· 厚度为15mm以上的刨花板
  或构造用面板

当椽的间隔为50cm以下时，应为下述
状况：
使用厚度为9mm以上的构造用板
或
厚度为12mm以上的刨花板

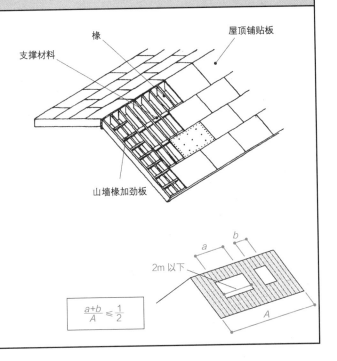

屋顶可设置的开口

屋顶可设置的开口宽度：2m以下

此外

能开口的总宽度，为屋顶宽度的1/2以下。

$$\frac{a+b}{A} \leq \frac{1}{2}$$

第3章 钢结构

第3章　钢结构

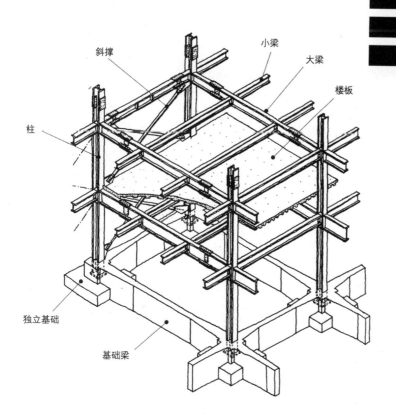

斜撑

小梁

大梁

楼板

柱

独立基础

基础梁

1　钢材

钢材特征

1　钢材分类

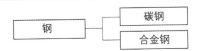

钢 ── 碳钢
　　 └─ 合金钢　　不锈钢、铜钢、铸铁、高强度钢等

---

① 碳钢　　　　　　　　　　　　　　　　软钢为广泛使用的建筑结构用钢材。

碳钢：根据含碳量的特性差异，可分成软钢与硬钢。

（建筑标准法）
建筑结构主要部位的
应用钢材
・碳钢
・不锈钢
・铸铁（一定条件
下使用）

② 合金钢

合金钢：可改善碳素钢的硬度、强度、耐腐蚀性、耐热性等性质。

不锈钢

碳素钢 ＋ 铬(Cr) ＋ 镍（Ni）、钼（Mo）等，少量添加1种以上

・由于不锈钢不易生锈，因此耐腐蚀性较佳
・建筑结构用不锈钢在JIS规范有要求，应使用在主要结构部位。

铸铁

铸铁：含碳量为1.7%以上的碳铁合金。

・可使用在主要承载的结构部位。但是，不可用在抗拉部位。

铜钢

・具有优越的可焊接性、耐腐蚀性、耐候性。

2　钢材特性

2-1　因含碳量所产生的特性

当碳素钢的含碳量达到0.85%（0.8%左右）时，抗拉强度、弹性限度就会达到最大，若含量再增加则性能反而会下降。

钢材的含碳量增加，所产生的特性变化

抗拉强度：增强（约到0.8%）

硬度：变硬

屈服点：增高（约到0.8%）

延展性：降低（变脆）

易焊接性：降低

易导热的程度 ⇨ 热传导率：降低

热膨胀系数：减少

淬火效果：增强

⇩ 因此

含碳量高的钢材，具有强度较高、延展性较差的特性。

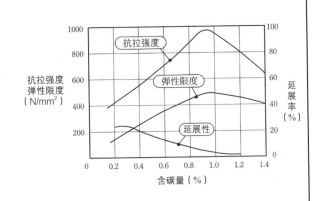

2-2 因温度所产生的特性

抗拉强度

250~300℃：最大

若超过这温度，则会急剧降低。

屈服点 ※参照下页

温度上升，则会缓慢下降。

延展性

约250°：最差

杨氏模量 ※参照下页

温度上升，缓慢降低。

膨胀系数

常温时，与一般混凝土的膨胀系数约略相等。

高温作用导致钢材扭曲！

第3章 钢结构 **1** 钢材

2-3 腐蚀与防腐

钢材产生腐蚀的原因

· 由于大气中的氧、水、酸、盐等作用，而形成锈蚀的环境

· 钢材受到直流电流通的环境

· 与铜板等离子化倾向较低的金属材料所接触的环境

· 水分渗入与不同金属接触的部分环境

⇓

形成电解作用，离子化倾向高的金属会产生腐蚀。⇦ 电腐蚀作用

水分等

钢材

随着时间的推移，产生锈迹，则腐蚀开始

防腐处理

· 砂浆或混凝土覆盖层

· 防腐涂装

· 镀锌处理

等等

※生产制造过程时会产生黑色铁锈（黑皮），在钢材表面形成皮膜，而达到防腐效果。

2-4 热处理

热处理：将钢材加热，成型冷却的处理方式。⇦根据冷却方式的差异，材料特性也会有所不同。

	加热方式	冷却方式	钢材特性
正火	钢在 800～900° 加热	空气中冷却	均质化，可提高强度
退火		炉中冷却	可降低抗拉强度，变软
淬火		浸入水或油中急速冷却	强度、硬度、耐磨性增加，变脆
回火	淬火后，钢在 200～600° 加热	空气中冷却	强度降低，但韧性增加

3-1　应力与应变量的关系

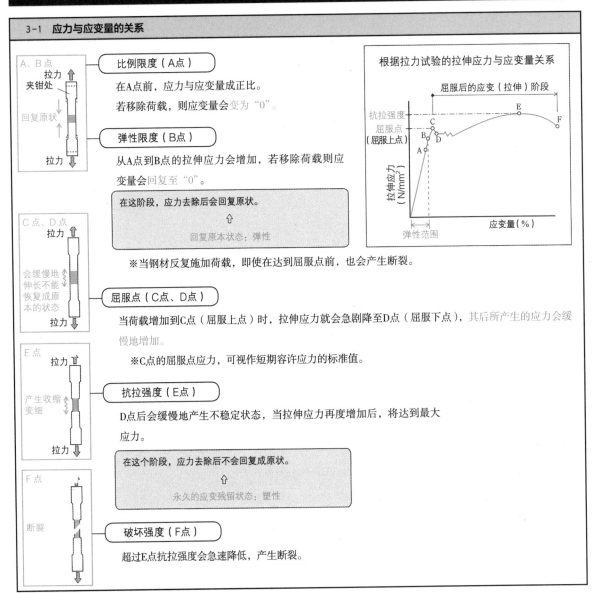

比例限度（A点）

在A点前，应力与应变量成正比。

若移除荷载，则应变量会变为"0"。

弹性限度（B点）

从A点到B点的拉伸应力会增加，若移除荷载则应变量会回复至"0"。

在这阶段，应力去除后会回复原状。
⇧
回复原本状态：弹性

※当钢材反复施加荷载，即使在达到屈服点前，也会产生断裂。

屈服点（C点、D点）

当荷载增加到C点（屈服上点）时，拉伸应力就会急剧降至D点（屈服下点），其后所产生的应力会缓慢地增加。

※C点的屈服点应力，可视作短期容许应力的标准值。

抗拉强度（E点）

D点后会缓慢地产生不稳定状态，当拉伸应力再度增加后，将达到最大应力。

在这个阶段，应力去除后不会回复成原状。
⇧
永久的应变残留状态：塑性

破坏强度（F点）

超过E点抗拉强度会急速降低，产生断裂。

根据拉力试验的拉伸应力与应变量关系

3-2　杨氏模量（弹性系数）

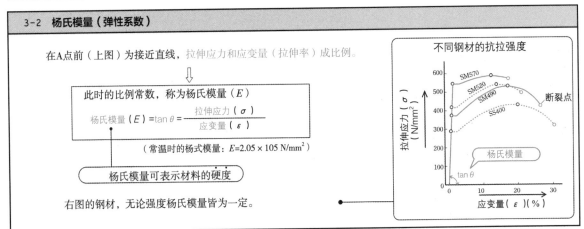

在A点前（上图）为接近直线，拉伸应力和应变量（拉伸率）成比例。
⇩

此时的比例常数，称为杨氏模量（E）

$$杨氏模量（E）=\tan\theta=\frac{拉伸应力（\sigma）}{应变量（\varepsilon）}$$

（常温时的杨式模量：$E=2.05\times10^5 \text{ N/mm}^2$）

杨氏模量可表示材料的硬度

右图的钢材，无论强度杨氏模量皆为一定。

不同钢材的抗拉强度

4-1 钢材种类与标记（JIS 标号）

结构用钢材，根据种类可分成SS、SM、STK等。

种类标号		种类与规格
SN	SN400A SN490B SN400B SN490C SN400C	建筑结构用滚轧钢材
SS	SS400 SS540 SS490	一般构造用滚轧钢材
SM	SM400ABC SM520BC SM490ABC SM570 SM490YAYB	焊接构造用滚轧钢材
STKN	STKN400WB STKN490B	建筑结构用碳素钢管
STK	STK400 STK490	一般构造用碳素钢管
STKR	STKR400 STKR490	一般构造用角形钢管
SNR	SNR400AB SNR490B	建筑结构用滚轧棒钢
SSC	SSC400	一般构造用轻型钢

A种：非焊接构件
B种：适合粘性强的焊接
C种：可强化板厚方向的强度

焊接性能加强。具有A种、B种与C种。

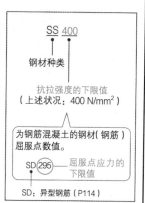

SS 400

钢材种类

抗拉强度的下限值
（上述状况：400 N/mm²）

为钢筋混凝土的钢材(钢筋)
屈服点数值。

SD 295 屈服点应力的下限值

SD：异型钢筋（P114）

※SSC400当板厚较薄时，对于腐蚀和焊接问题须十分注意

4-2 钢材的容许应力

① 标准强度（F值）

F值：计算容许应力的标准值，表示各材料安全使用限度的应力强度。

钢材种类与标准强度

	钢材种类	建筑结构用		一般构造用			焊接构造用		
钢材厚度		SN400 SNR400 STKN400	SN490 SNR490 STKN490	SS400 STK400 STKR400 SSC400	SS490	SS540	SM400 SMA400	SM490 SMA490 STKR490 STK490	SM520
F值	t ≤ 40mm	235	325	235	275	375	235	325	355
	40mm<t ≤ 100mm	215	295	215	255		215	295	335

（ N/mm² ）

即使材质相同，板厚不同的屈服点也会有所差异。厚度为40mm的边界F值，是有差别的。

然而，若超过75mm，就变成325。

高拉力螺栓的种类与标准强度

※高拉力螺栓，参照P86

高拉力螺栓的种类	F8T	F10T	T11T
F值	640	900	950

（ N/mm² ）

采用摩擦连接的高强度六角螺栓

② 钢材的容许应力

容许应力：F为F值（①表数值），可代入下表计算求出。

	长期容许应力强度				短期容许应力强度
	压缩	拉伸	弯曲	剪断	为长期容许应力强度值的 1.5 倍
构造用钢材	$\dfrac{F}{1.5}$	$\dfrac{F}{1.5}$	$\dfrac{F}{1.5}$	$\dfrac{F}{1.5\sqrt{3}}$	

F值（①表数值）

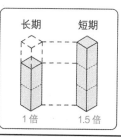

长期　　短期

1 倍　　1.5 倍

钢材类型

一般型钢

a. H型钢　　b. I型钢　　c. C型槽钢　　d. 等边角钢　　e. 不等边角钢

H型钢特征
- 拥有截面强轴，适合作为柱和梁等构造材料。

轻型钢

f. 卷边槽钢　　g. 轻质Z型钢　　h. 轻质槽钢　　i. 帽型钢

轻型钢特征
- 板厚不到6mm的型钢，轻且薄。
- 由于质量轻，多用在檩条、横撑等部位。
- 断面的截面效率较好，多用作为小型建筑的构造材料。
- 虽然应力集中较少，但容易弯曲。　⇧轻型钢结构（P84）等

钢管、钢板、棒钢等

j. 钢管　　　k. 角形钢管　　　l. 钢板　　　m. 棒钢

钢管：主要适用作为钢结构柱。

其他构材

波纹钢板：主要适用作为钢结构楼板。
螺旋紧结器：主要用于轻型钢结构（参照P84）斜撑构件的紧结。

◎框式

◎管式

n. 波纹钢板　　　　　o. 螺旋紧结器

2 钢结构的基础知识

钢结构特征

优点

- ·截面较小，可承载较大荷重。
- ·与同规模的钢筋混凝土结构相比，自重较轻。
- ·可作为工厂和体育馆等大跨度结构的构造。
- ·可用在强度、柔韧性较佳的抗震结构中，适用在高层、超高层建筑物。
- ·工厂制作的作业较多，可高效加工、缩短工期。
- ·容易拆卸、移除。
- ·钢材的材质均匀，因此尺寸控制的精度较高。

缺点

- ·对于高热的抵抗能力较弱，因此铺设防火包覆（P104）是必需的。

防火包覆示例
铁网
覆盖砂浆
钢材

- ·由于温度变化会导致膨胀伸缩，因此对于温度应力的考量是必要的。
- ·作为细长构件使用时，须注意屈曲变形的问题。

> 受压构件：须注意屈曲（P93）。
> 抗弯构件：须考量抗弯刚度的降低与侧向屈曲（P96）。
> ※所谓的挫曲为局部屈曲（P94）。

屈曲 ↓　侧向屈曲

- ·钢材的耐腐蚀能力较弱，表面防锈处理是必要的。（参照P77）
- ·容易传递震动。⇦降低居住环境效能。
- ·钢材在下列场合应注意会导致产生脆性破坏的可能：

> ·瞬间产生较大作用力的情况
> ·低温环境作用的情况　等等

脆性破坏

工程

| 设计 | ⇨ | 工厂制作构件 | ⇨ | 搬入现场 | ⇨ | 建造 |

※钢结构，工厂制作构件的周期会较现场作业的周期更长。

※当5~6层建筑使用标准材料时，钢材的制作周期为1~2个月。

钢结构与钢筋混凝土结构的比较

自重	钢结构（轻）	>	钢筋混凝土结构（重）
工期	钢结构（短）	>	钢筋混凝土结构（长）
柔韧度（韧性）	钢结构	>	钢筋混凝土结构
刚性	钢结构	<	钢筋混凝土结构
宜居性	钢结构（易传声）	<	钢筋混凝土结构（不易传声）

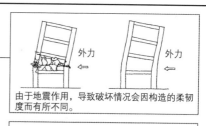

外力　外力

由于地震作用，导致破坏情况会因构造的柔韧度而有所不同。

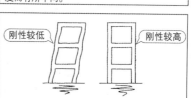

刚性较低　刚性较高

结构型式

1 刚架结构

刚架结构：由柱和梁组成，将构件以焊接的刚性连接方式，构成框架一体化的结构。

刚架结构特征

连接部分：刚性连接

⇩

构件：会产生弯矩、剪切力、轴向力

刚性连接

1-1 长方形刚架结构

用途：主要设在办公建筑，适用于框架为规整网格的场合。

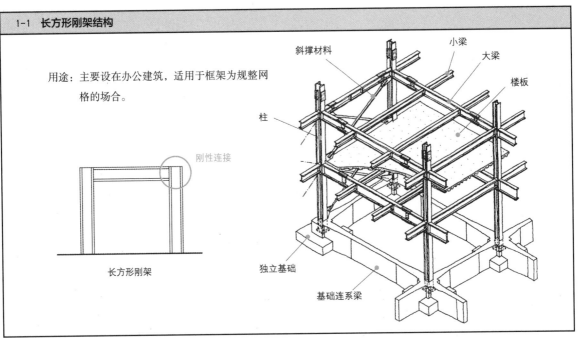

刚性连接

长方形刚架

斜撑材料
小梁
大梁
楼板
柱
独立基础
基础连系梁

1-2 山形刚架结构

用途：主要设在体育馆或工厂，适用于较大空间的场合。

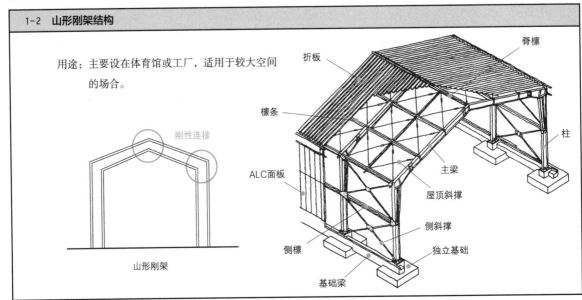

刚性连接

山形刚架

脊檩
折板
檩条
柱
ALC面板
主梁
屋顶斜撑
侧斜撑
侧檩
独立基础
基础梁

2 桁架结构

桁架结构：以三角形作为基本单位，将杆件组构的结构。

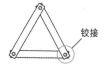

铰接

桁架结构特征

连接部分：铰接

⇩

构件：仅受轴向力

※不会产生剪力、弯矩！

· 合理的力学造构，可实现钢材轻量化。

· 以较细的杆件，可支撑较大的跨度。

· 加工和组装较耗时。

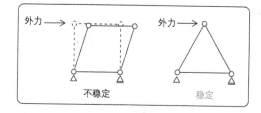

外力 →

不稳定

外力 →

稳定

2-1 平面桁架结构

在同一平面内组合桁架的结构。

平面桁架

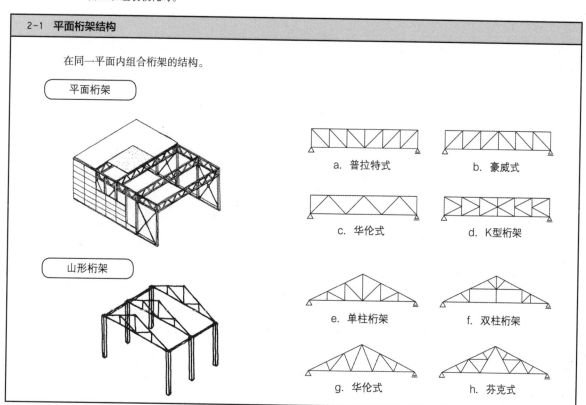

a. 普拉特式

b. 豪威式

c. 华伦式

d. K型桁架

山形桁架

e. 单柱桁架

f. 双柱桁架

g. 华伦式

h. 芬克式

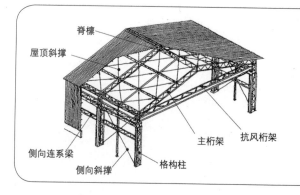

脊檩

屋顶斜撑

侧向连系梁

侧向斜撑

格构柱

主桁架

抗风桁架

过去，左图所示的格构柱和格构梁（主桁架梁），多建造在设置桁架结构的厂房。

现今，由于成本原因，已较少使用。

2-2 空间桁架结构

立体组构的桁架结构。

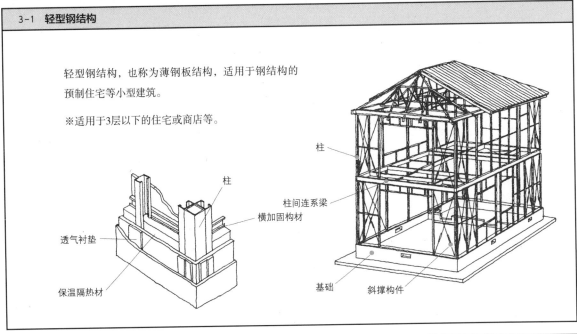

a. 网格穹顶（富勒穷顶）

立面图

b. 空间桁架

鸟瞰图

c. 拉米拉穷顶

3 其他结构

3-1 轻型钢结构

轻型钢结构，也称为薄钢板结构，适用于钢结构的预制住宅等小型建筑。

※适用于3层以下的住宅或商店等。

柱

柱间连系梁

横加固构材

透气衬垫

柱

保温隔热材

基础

斜撑构件

3-2 钢管结构

柱、梁等主要结构的部位，可使用钢管结构。

※多用于工厂、体育馆、临时性建筑、铁塔等。
※因构件为圆筒，使得连接加工较为困难。

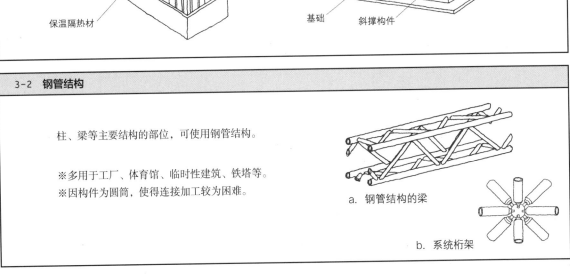

a. 钢管结构的梁

b. 系统桁架

3 钢结构

连接

连接：钢材间连接的方式。

连接方式

- 铆钉连接
- 螺栓连接
- 高拉力螺栓连接
- 焊接连接

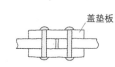

a. 铆钉连接

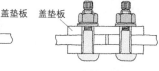

b. 高拉力螺栓连接
例）剪力型高拉力螺栓

c. 焊接连接
例）对焊焊接

接合类型

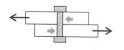

a. 剪力连接（一般螺栓）

b. 摩擦连接（高拉力螺栓）

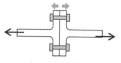

c. 拉力连接

1 铆钉、螺栓、高拉力螺栓连接

1-1 铆钉连接

- 施工时会产生噪声。
- 会存在缺乏熟练工和作业效率较低的缺点，近年来已不再使用。

铆钉机敲击

将钢材钻孔，并穿过800℃下烧红的铆钉，以铆钉机敲击紧固。

1-2 螺栓（普通螺栓）连接

假如螺栓轴周围存在空隙，当螺栓连接固定后反复施加外力，则连接部位就容易产生松动。

插入插销

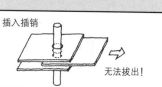

无法拔出！

① 螺栓的使用限制

普通螺栓在下列状况不允许使用。

⇧
只能使用高拉力螺栓！

◎ 受到反复震动和冲击应力的连接部位

◎ 大型钢结构的主要部位

- 建筑总楼地板面积超过3000m²
- 屋檐高度超过9m，或跨度超过13m的建筑物

◎ 采用普通螺栓紧固板材的总厚度超过连接部位螺栓直径的5倍

② 连接型式（剪力连接）

抗剪螺栓，利用轴侧面传力。

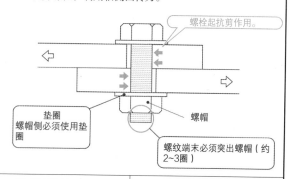

螺栓起抗剪作用。

垫圈
螺帽侧必须使用垫圈

螺帽

螺纹端末必须突出螺帽（约2~3圈）

③ 螺栓孔径

螺栓孔径：螺栓轴径+0.5mm

（螺栓孔径、螺栓轴径，参照 P87）

高拉力螺栓连接的特征

从两侧挤压

利用摩擦作用

无法拔出！

· 利用摩擦连接，可使得传递应力的面积增大，不致产生应力集中。

· 在反复荷载作用下，连接处可发挥作用。

· 钢材间不产生滑动，可提高刚度。

· 高拉力螺栓的抗拉强速，为普通螺栓的2~3倍。

· 施工容易，可缩短工期。

高拉力螺栓种类

六角螺帽
平垫圈

a. JIS型高拉力螺栓

枢栓
六角螺帽
平垫圈

b. 剪力型高拉力螺栓

拧紧紧结！　枢栓断落！

导入螺栓连接时所需的预定抗拉量值，达到此值后枢栓即会断落。因此，便于施工质量管理。

---

① 连接型式（摩擦连接）　※通常被广泛使用

连接部分承受压力

抗拉强度为800 ~ 1300N/mm²的螺栓，可透过强力紧固，在连接部位产生摩擦力。

紧固

构件间靠摩擦力作用
※不是利用抗剪力！

压力　45°

在摩擦连接部位，不涂防锈涂料。

顶部视图

高拉力螺栓轴

利用压力，所产生摩擦力的范围

---

② 容许强度（摩擦连接）

连接面

◎摩擦连接的容许强度，可通过下列方式计算：

· 螺栓种类与尺寸
· 摩擦面数量
· 滑移系数

单面摩擦

双面摩擦

连接面为双面

双面摩擦的容许强度，为单面摩擦的 2 倍！

◎短期容许强度，为长期容许强度的1.5倍。

例题）下图所示为2片钢板以4支高拉力螺栓摩擦连接，请计算连接部位的短期容许剪力与所对应的拉力值？
此外，平均1支螺栓单面摩擦的长期容许剪切强度为47kN。

高拉力螺栓

短期容许强度，为长期许强度的1.5倍。

短期容许剪力 = 47（kN）× 4（支）× 1.5（倍）
　　　　　　 = 282（kN）

拉力　　拉力

因此，为　282kN

③ 高拉力螺栓孔径

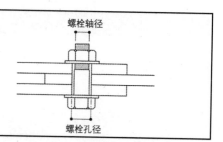

高拉力螺栓孔径：螺栓轴径+2mm

※轴径在27mm以上时+3mm

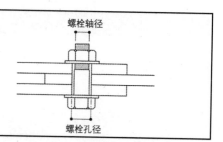
螺栓轴径

螺栓孔径

1-4 螺栓、高拉力螺栓设置（共同注意事项）

① 设置螺栓的种类

※普通螺栓、高拉力螺栓皆以螺栓来表示。

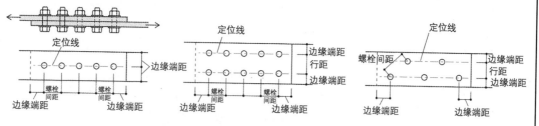

a. 并列紧固（重叠搭接）　　　b. 交错紧固（重叠搭接）

> 定位线：钢板或型钢构件在轴线方向设置螺栓的基准线
> 行距：定位线的间距
> 螺栓间距：螺栓中心线的间距
> 边缘端距：从螺栓中心线到钢材边缘端的距离（参照③）

② 螺栓间距与支数

◎ 螺栓的中心间距（螺栓间距)

　螺栓直径的2.5倍以上

◎ 螺栓支数

　在构造受力的主要连接部位，设2支以上

螺栓间距：螺栓直径的2.5倍以上

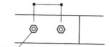

普通螺栓或高拉力螺栓

螺栓轴径		10	12	16	20	22	24	28
螺栓间距	标准值	40	50	60	70	80	90	100
	最小值	25	30	40	50	55	60	70

（日本建筑学会"钢结构设计标准"）　　（单位mm）

③ 边缘端距

【 最小边缘端距 】

针对连接钢材边缘端部类型与螺栓直径，查找确定数值。

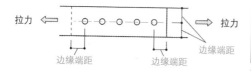

拉力　　　　　　　　　　　　　　　拉力

边缘端距　　边缘端距　　边缘端距

轴径		12	16	20	22	24	27
边缘端类别	剪切边缘、手动气割边缘	22	28	34	38	44	49
	轧制边缘、自动气割边缘、锯切边缘、机械作业边缘	18	22	26	28	32	36

（日本建筑学会"钢结构设计标准"）　　（单位mm）

※在应力方向的抗拉构件连接螺栓设置3支以上且无不良状况时，边缘端距为轴径的2.5倍以上。

【 最大边缘端距 】　※当使用最大边缘端距时，最小边缘端距就不适用。

材料厚度的12倍或150mm。　　⇦ 边缘端距过大时，此部分会产生扭曲，发生锈蚀！

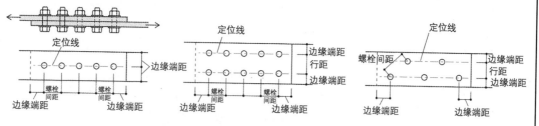
定位线　　　　　　　　　　　定位线　　　　　　　　　　　定位线
螺栓间距
边缘端距　行距　边缘端距　　　　　　　　　边缘端距　行距　边缘端距
螺栓间距　螺栓间距　　　螺栓间距　螺栓间距
边缘端距　　边缘端距　　边缘端距　　边缘端距　　边缘端距　　边缘端距

第3章
钢结构
3 钢结构

焊接连接的特征

优点

· 焊接较螺栓连接对截面的损坏较少，且连接部位的刚性较高。

· 连接型式简单，为自由连接方式。

· 施工时不会产生噪声。

· 力流传递集中，连接部位具有连续性。

缺点

· 施工不当，容易产生缺陷。

· 容易产生热应变。

· 连接部位难以检查。
⇧
实际的内部缺陷检查，可透过超声波探伤检测。

※主要构造受力处的焊接，需由对于板厚状况、焊接方式与焊接姿势等皆具有经验的专业资格技工来进行
操作。
焊接技术检定测试合格者

焊接连接的种类

◎能传递应力的熔接焊缝

部分焊透熔接，在反复受力作用的场合，不得使用。

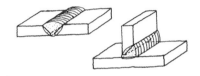
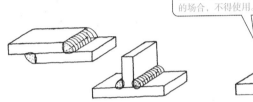

a. 对焊（全焊透熔接）　　　　　　　　b. 角焊　　　　　　　c. 部分焊透熔接

◎无法传递应力的熔接焊缝

d. 喇叭口焊接　等

焊接焊缝的种类

a. 对接焊缝　b. 重叠焊缝　c. 加固板焊缝　　d. T形焊缝　e. 十字形焊缝　f. 角焊缝　g. 缘焊缝　h. 沟槽焊缝

2-1　焊接连接的容许强度

· 单处焊缝并用"对接"与"角接"的情况 ⇨ 所对应各熔接焊缝的容许强度，可核定各种应力。

· 构造内主要构材的连接处，须设定能够承担30kN以上强度的焊缝。

容许强度的计算方式

有效面积 = 有效焊喉厚度 × 有效焊接长度
　　　　　下一页② 　　　　　下一页③

熔接焊缝处所产生的拉力、压力、剪力 ≦ 有效面积 × 熔接焊缝的容许应力强度

※熔接焊缝的容许强度，为在焊接有效面积内能够抵抗的作用强度（拉力、压力、剪力）!

（例）就下图所示的对接熔接焊缝，计算产生拉力时的长期容许拉力值。

熔接焊缝的长期容许抗拉强度：150N/mm²

长期容许拉力 ←　60　　60　→ 长期容许拉力
5　　　8

（单位：mm）

有效焊接的长度
有效焊接喉厚度（薄方向板厚）
熔接焊缝的容许应力强度

长期容许拉力 =5mm×60mm×150N/mm²
=45000N=45kN

因此，结果为　45kN

2-2 对焊（全焊透熔接）

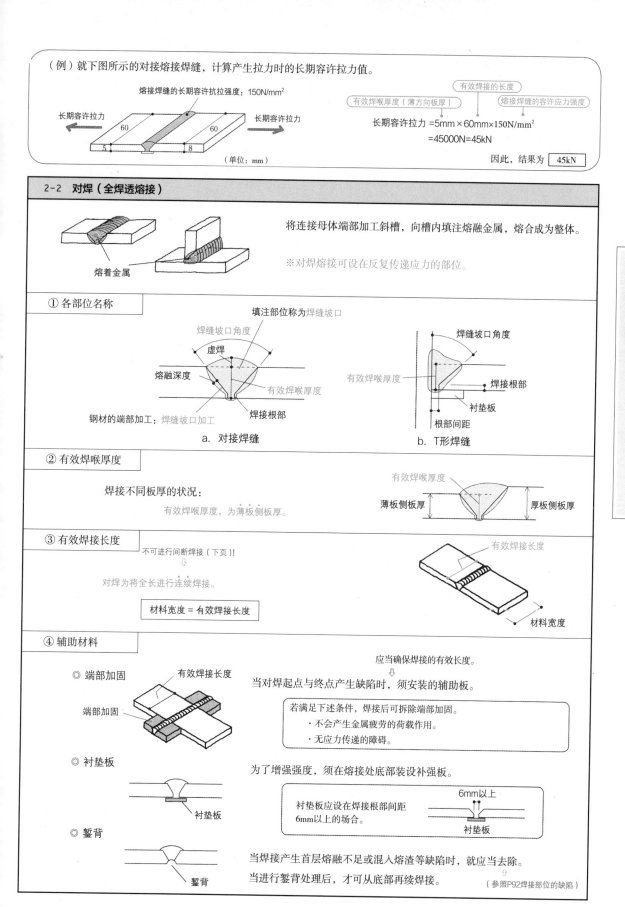

熔着金属

将连接母体端部加工斜槽，向槽内填注熔融金属，熔合成为整体。

※对焊熔接可设在反复传递应力的部位。

① 各部位名称

填注部位称为焊缝坡口

焊缝坡口角度
虚焊
熔融深度
有效焊喉厚度
钢材的端部加工：焊缝坡口加工
焊接根部

a. 对接焊缝

焊缝坡口角度
有效焊喉厚度
焊接根部
衬垫板
根部间距

b. T形焊缝

② 有效焊喉厚度

焊接不同板厚的状况：

有效焊喉厚度，为薄板侧板厚。

有效焊喉厚度
薄板侧板厚　厚板侧板厚

③ 有效焊接长度

不可进行间断焊接（下页）!
⇩
对焊为将全长进行连续焊接。

材料宽度 = 有效焊接长度

有效焊接长度
材料宽度

④ 辅助材料

◎ 端部加固

有效焊接长度
端部加固

应当确保焊接的有效长度。
⇩
当对焊起点与终点产生缺陷时，须安装的辅助板。

若满足下述条件，焊接后可拆除端部加固。
・不会产生金属疲劳的荷载作用。
・无应力传递的障碍。

◎ 衬垫板

衬垫板

为了增强强度，须在熔接处底部装设补强板。

衬垫板应设在焊接根部间距6mm以上的场合。

6mm以上
衬垫板

◎ 錾背

錾背

当焊接产生首层熔融不足或混入熔渣等缺陷时，就应当去除。
⇩
当进行錾背处理后，才可从底部再续焊接。

（参照P92焊接部位的缺陷）

第3章 钢结构

3 钢结构

在连接构件的角隅处，填注熔融金属，熔合成为整体。

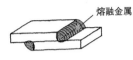

熔融金属

重叠角焊

T形角焊

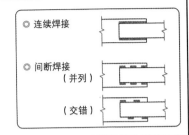

◎ 连续焊接

◎ 间断焊接
（并列）

（交错）

※角焊可设在反复传递应力的部位。

---

① 焊喉厚度与尺寸

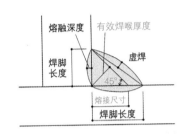

熔融深度　有效焊喉厚度

焊脚长度　虚焊

45°

熔接尺寸

焊脚长度

◎ 角焊的焊喉厚度，为熔接尺寸的0.7倍。

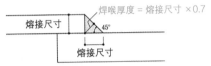

焊喉厚度 ＝ 熔接尺寸 ×0.7

熔接尺寸　45°

熔接尺寸

◎ 熔接尺寸低于最薄的板厚（母材）。

> 熔接尺寸：设计时遵照设计规范的规定
> 焊脚长度：为施工时检查量测的尺寸
> 此外，若焊脚长度在熔接尺寸以下，则表示施工不当！

---

② 角焊的有效长度

承载作用力的角焊有效长度：熔接尺寸的10倍以上，或40mm以上

↑
与对焊熔接有所不同，可接受不在全长上进行连续焊接！

※侧向角焊（参照下图③），当有效长度超过熔接尺寸的30倍时，会产生作用力不均匀分布的现象，而造成接缝的容许应力强度降低。

有效长度 ＝ 全长 －（2× 熔接尺寸）

有效长度

全长

---

③ 设计时重点

◎ 当与母材间的角度在60°以下或120°以上时，角焊部位就无法承担荷载。

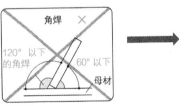

角焊　×

120°以下
的角焊　　60°以下

母材

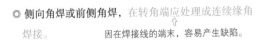

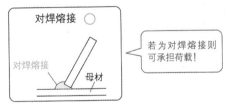

对焊熔接　○

对焊熔接

母材

若为对焊熔接则
可承担荷载！

◎ 传递作用力的重叠搭接，以采用两列以上的角焊为原则，重叠长度为薄板厚度的5倍以上，且为30mm以上。

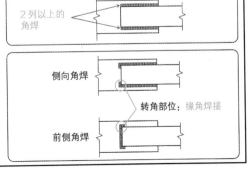

薄板厚度的5倍以上，且
为30mm以上

2列以上的
角焊

◎ 侧向角焊或前侧角焊，在转角端应处理成连续缘角焊接。
↑
因在焊接线的端末，容易产生缺陷。

侧向角焊

转角部位：缘角焊接

前侧角焊

※缘角熔接长度为角焊熔接尺寸的2倍。

第3章
钢结构
3 钢结构

2-4 部分焊透熔接

部分焊透熔接的使用限制

下述状况（部位），不可使用部分焊透熔接。

· 受到反复荷载（应力）的部位

· 与焊接线直交，承受拉力的部位

· 焊接轴线承受弯矩的部位

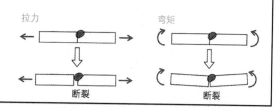

2-5 焊接符号

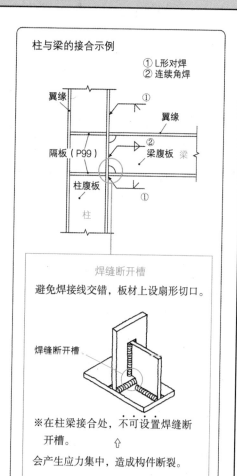

柱与梁的接合示例

焊接符号示例

	实际状况	表示符号
单侧角焊		
双侧角焊		
I 形槽焊熔接		
V 形槽焊熔接		
L 形槽焊熔接		
K 形槽焊熔接		

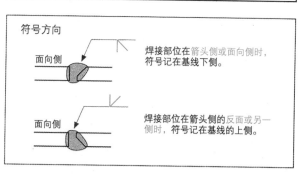

符号方向

面向侧 焊接部位在箭头侧或面向侧时，符号记在基线下侧。

面向侧 焊接部位在箭头侧的反面或另一侧时，符号记在基线的上侧。

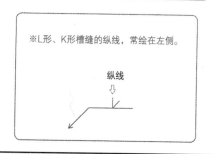

※L形、K形槽缝的纵线，常绘在左侧。

纵线

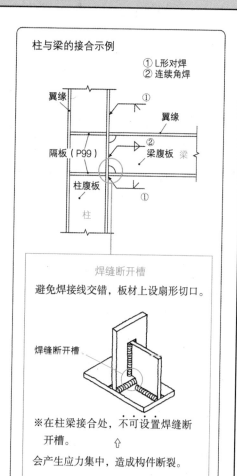

焊缝断开槽

避免焊接线交错，板材上设扇形切口。

焊缝断开槽

※在柱梁接合处，不可设置焊缝断开槽。

会产生应力集中，造成构件断裂。

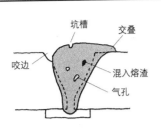

坑槽　交叠

咬边

混入熔渣　气孔

· 咬边：由于焊接速度过快所造成，未填满熔融金属而使得凹槽留有残缺部分。（表面缺陷）

· 交叠：熔融金属末端未与母材融合的重叠部分。（表面缺陷）

· 混入熔渣：焊接部位所产生的非金属物质（熔渣）残留在焊接金属内。（内部缺陷）

· 气孔：存在熔融金属内，由于残存空气而产生内部孔洞。（内部缺陷）

· 坑槽：与气孔相同的现象，在表面出现开口。　　　　　　　（表面缺陷）

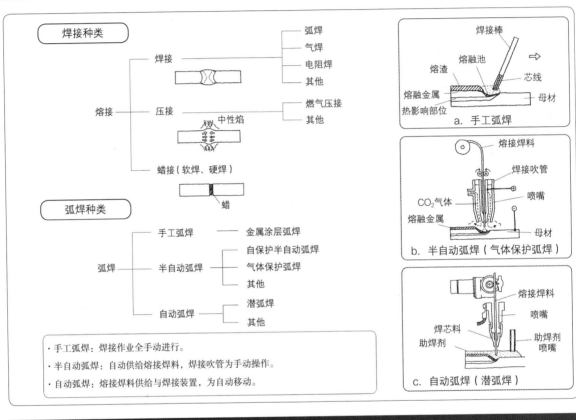

焊接种类

```
              ┌ 弧焊
         焊接 ┤ 气焊
              │ 电阻焊
              └ 其他
  熔接 ┤
              ┌ 燃气压接
         压接 ┤
              └ 其他

  蜡接（软焊、硬焊）
```

弧焊种类

```
         手工弧焊 ──── 金属涂层弧焊
                      ┌ 自保护半自动弧焊
  弧焊 ┤ 半自动弧焊 ┤ 气体保护弧焊
                      └ 其他
                      ┌ 潜弧焊
         自动弧焊 ────┤
                      └ 其他
```

· 手工弧焊：焊接作业全手动进行。

· 半自动弧焊：自动供给熔接焊料，焊接吹管为手动操作。

· 自动弧焊：熔接焊料供给与焊接装置，为自动移动。

焊接棒

熔渣　熔融池

熔融金属　芯线

热影响部位　母材

a. 手工弧焊

熔接焊料

焊接吹管

CO_2气体　喷嘴

熔融金属　母材

b. 半自动弧焊（气体保护弧焊）

熔接焊料

喷嘴

焊芯料　助焊剂喷嘴

助焊剂

c. 自动弧焊（潜弧焊）

3　连接共同的注意事项（不同连接方式合用）

当不同连接方式合用时，应注意那些无效的组合！

高拉力螺栓

焊接

焊接+高拉力螺栓示例

组合		效用
铆钉或高拉力螺栓 + 螺栓（普通螺栓）		所有应力由铆钉或高拉力螺栓承担
铆钉 + 高拉力螺栓		由个别钉栓材料的容许强度承担
焊接 + 铆钉或螺栓		所有应力由焊接承担
焊接 + 高拉力螺栓	⇒ 先进行焊接施工	所有应力由焊接承担
	⇒ 先进行高拉力螺栓施工	由个别钉栓材料的容许强度承担
对焊 + 角焊		由个别钉栓材料的容许强度承担

构件的设计

1 受压构件

受压件
·柱
·压力作用的斜撑杆材部位
·压力作用的桁架部位　　　　等等

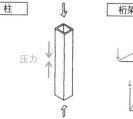

柱

桁架

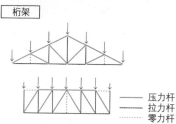

—— 压力杆
—— 拉力杆
······ 零力杆

第3章 钢结构 ❸ 钢结构

1-1 屈曲与屈曲长度

屈曲：当细长构件受到压力作用时，倘若超过限度就会加剧形成偏转（变形）。

细长构件容易产生屈曲！　⇦　（参照下项"长细比"）

屈曲长度

由于构材两端固定状况不同，受压所产生的屈曲长度也会有所差异。

支座条件	两端铰接	铰接、刚接	两端固定	两端固定	自由、固定
水平移动条件	水平移动：受到约束			水平移动：自由移动	
屈曲形状					
屈曲长度	l	$0.7 l$	$0.5 l$	l	$2 l$

构件长度

1-2 细长比与容许抗压强度

◎ 构件越细长，越容易产生屈曲，这是由于细长比所决定。

受压材细长比：250 以下
柱细长比：200 以下

250
(200)

1

$$细长比 = \frac{屈曲长度}{截面回转半径}$$

压力　　构件收缩
构件收缩
屈曲　构件弯曲

小 ◄——— 细长比 ———► 大
大 ◄——— 容许抗压强度 ———► 小

◎ 细长比越大，容许抗压强度就越小。

容许抗压强度 ≥ 抗压强度

容许抗压强度，为根据屈曲考量细长比与材质等所决定的数值。

$$抗压强度 = \frac{压力}{全截面积}$$

2 受拉构件

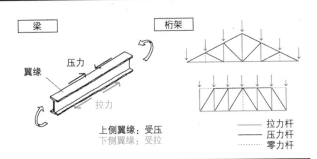

受拉构件
·梁（翼缘）上的受拉部位
·拉力作用的斜撑构件
·拉力作用的桁架构件
等等

上侧翼缘：受压
下侧翼缘：受拉

—— 拉力杆
—— 压力杆
······ 零力杆

※铸铁（P76）不能用在受拉构件。

2-1 抗拉强度与有效截面积

抗拉强度

·抗拉强度，可利用拉力与构件截面积（有效截面积）算得。

·计算抗拉材截面时，抗拉强度应确保在容许抗拉强度以下。

$$抗拉强度 = \frac{拉力}{有效截面积}$$

抗拉强度 ≤ 容许抗拉强度

有效截面积

抗拉构件的有效截面积，应当考量螺栓孔截面受损等状况，进行计算。

⇧

受拉处若有螺栓孔，则该处会有出现断裂的可能。

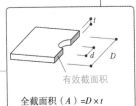

有效截面积

螺栓孔
拉力
全截面积
拉力

全截面积（A）$= D \times t$
有效截面积 $= A - (d \times t)$

3 局部屈曲

局部屈曲：钢骨构件由于是以薄板构成，因此在承受压力作用时，会产生局部屈曲。

翼缘
腹板
压力 压力 压力

a. 翼缘局部屈曲　　b. 腹板局部屈曲　　c. 钢管局部屈曲

针对局部屈曲的对策

为了不产生局部屈曲，型钢的"幅厚比"和钢管的"径厚比"可形成决定性作用。

$$幅厚比 = \frac{板幅}{板厚}$$

幅厚比越大，意味着钢材的厚度越薄。

幅厚比、径厚比越大，越容易产生局部屈曲。

※ 在使用标准强度较高的钢材，会较标准强度低的钢材要厚实些。

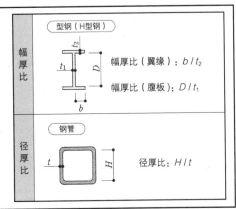

型钢（H型钢）

幅厚比

幅厚比（翼缘）：b / t_2

幅厚比（腹板）：D / t_1

钢管

径厚比

径厚比：H / t

各部位构造

1 梁

> 梁内会产生弯矩和剪力。

+

> 需要检核挠度

※与轴力无关！

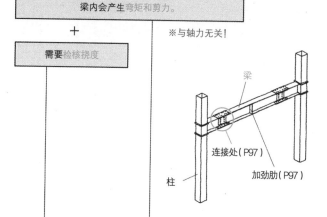

连接处（P97）
加劲肋（P97）
柱
梁

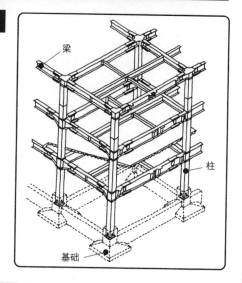

梁
柱
基础

第3章 钢结构

③ 钢结构

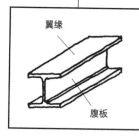

翼缘
腹板

翼缘：梁上下侧的水平板

> 承担弯矩。

腹板：梁中央侧的垂直板

> 承担剪力。

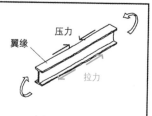

翼缘
压力
拉力

1-1 设计时的注意事项

梁设计时，不能只考量强度来决定截面，还应确保刚性、减少挠度，不产生震动危害。

① 挠度

两端支承梁 ⇨ 低于跨度的1/300

单侧支承梁 ⇨ 低于跨度的1/200

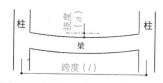

柱　挠度（a）　柱
梁
跨度（l）

$$\frac{a}{l} \leqq \frac{1}{300}$$

◎ 根据建筑基本法标准【平成12年建告1459号】

> 梁挠度：1/250以下

然而，当梁高超过有效长度的1/15时，就不须考量挠度。

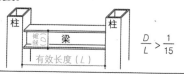

柱　梁宽（D）　梁　柱
有效长度（L）

$$\frac{D}{L} > \frac{1}{15}$$

② 梁高

挠度大小取决于梁高。

（ 梁高 ）

梁高
梁
翼缘宽

型钢梁 ⇨ 跨度的1/15～1/30

柱　梁宽（D）　梁　柱
跨度（l）

$$\frac{D}{l} = \frac{1}{15} \sim \frac{1}{30}$$

95

③ 侧向屈曲

当跨度较大和梁高较梁宽为高时，可能会产生侧向屈曲。

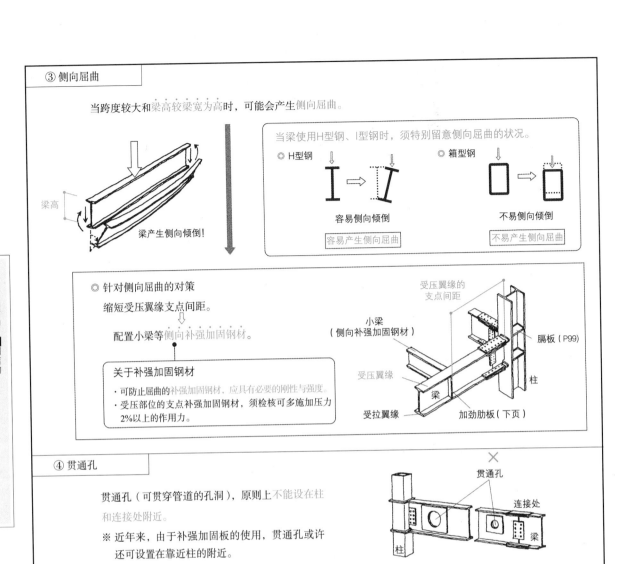

梁高

梁产生侧向倾倒！

当梁使用H型钢、I型钢时，须特别留意侧向屈曲的状况。

◎ H型钢　　　　　　　◎ 箱型钢

容易侧向倾倒　　　　不易侧向倾倒

容易产生侧向屈曲　　　不易产生侧向屈曲

◎ 针对侧向屈曲的对策

缩短受压翼缘支点间距。

配置小梁等侧向补强加固钢材。

关于补强加固钢材
· 可防止屈曲的补强加固钢材，应具有必要的刚性与强度。
· 受压部位的支点补强加固钢材，须检核可多施加压力2%以上的作用力。

受压翼缘的支点间距

小梁（侧向补强加固钢材）

膈板（P99）

受压翼缘

梁

柱

受拉翼缘

加劲肋板（下页）

④ 贯通孔

贯通孔（可贯穿管道的孔洞），原则上不能设在柱和连接处附近。

※ 近年来，由于补强加固板的使用，贯通孔或许还可设置在靠近柱的附近。

贯通孔

连接处

柱

梁

1-2　梁的种类

① 型钢梁

· 主要使用H型钢、I型钢。
· 使用型钢梁，会受到跨度的限制。

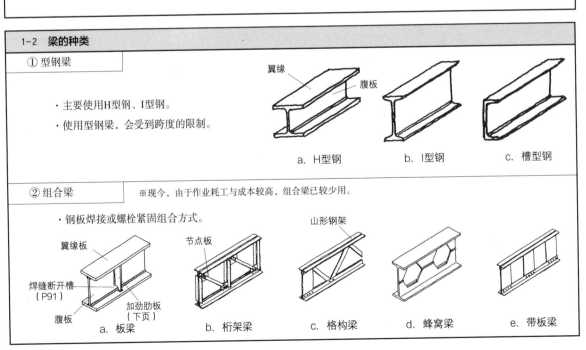

翼缘

腹板

a. H型钢　　　　b. I型钢　　　　c. 槽型钢

② 组合梁　　　　※现今，由于作业耗工与成本较高，组合梁已较少用。

· 钢板焊接或螺栓紧固组合方式。

翼缘板

焊缝断开槽（P91）

腹板

加劲肋板（下页）

节点板

山形钢架

a. 板梁　　　b. 桁架梁　　　c. 格构梁　　　d. 蜂窝梁　　　e. 带板梁

① 对接节点

对接节点最好设在应力最小处。 ⇨ 对接节点多设在距离梁端约1~2m处。

对接节点的种类

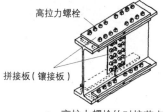

高拉力螺栓

拼接板（镶接板）

a. 高拉力螺栓的对接节点

对焊

b. 高拉力螺栓与焊接的对接节点

对焊

衬垫板

c. 焊接的对接节点

若翼缘、腹板采用对焊（P89），则熔接焊缝须与母材具同等强度，且焊缝量不可过多。

② 交接节点

※柱和梁的交接节点，参照P99

大梁与小梁的交接节点

※在大梁侧面常见附设小梁。

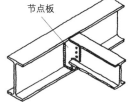

节点板

a. 设置节点板的状况

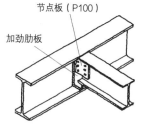

节点板（P100）

加劲肋板

b. 设置加劲肋板+节点板的状况

第3章 钢结构 **3** 钢结构

适用在梁的补强加固材料

◎ 加劲肋板

支承点加劲肋板

梁

柱

荷载点加劲肋板：增强腹板屈曲强度，防止翼缘局部屈曲

中间加劲肋板：增强腹板屈曲强度

为了防止腹板屈曲变形，在构件的荷载点或中间点的垂直轴向应设垂直板材。

※大多数构件应按板材轴向设置。

加劲肋板具有一定的刚性与强度。

◎ 垫片

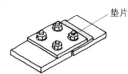

垫片

在一般螺栓或高拉力螺栓连接处，若连接的板厚不同时，为了垫高板厚，而须在缝隙间嵌入垫片钢板。

◎ 拼接板（镶接板）

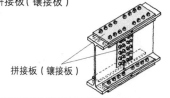

拼接板（镶接板）

H型钢的柱和梁以螺栓连接时，为了利于应力传递，而须在节点构件内添加连接钢板。

2 柱

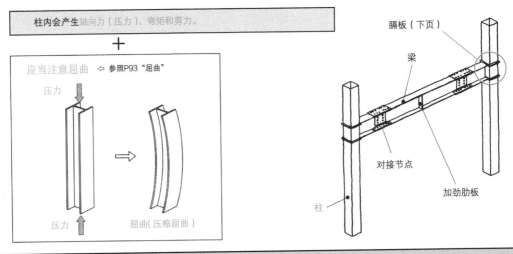

柱内会产生轴向力（压力）、弯矩和剪力。

应当注意屈曲 ⇨ 参照P93 "屈曲"

压力

压力

屈曲(压缩屈曲)

膈板（下页）

梁

对接节点

加劲肋板

柱

第3章 钢结构

③ 钢结构

2-1 柱的种类

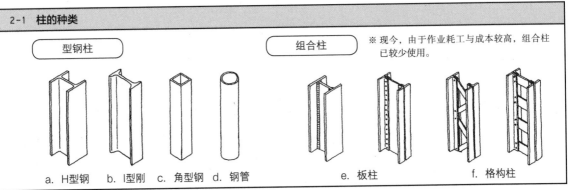

型钢柱

组合柱

※ 现今，由于作业耗工与成本较高，组合柱已较少使用。

a. H型钢　b. I型刚　c. 角型钢　d. 钢管　　e. 板柱　　　f. 格构柱

2-2 柱的截面形状与特征

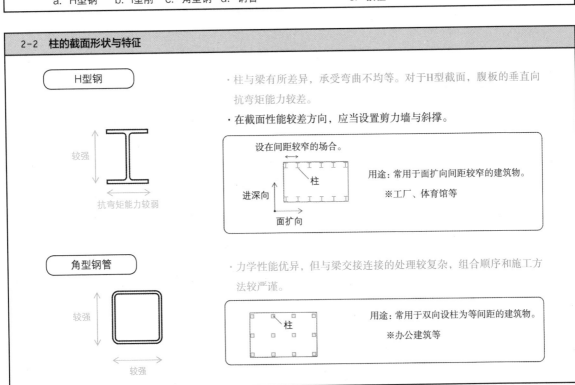

H型钢

· 柱与梁有所差异，承受弯曲不均等。对于H型截面，腹板的垂直向抗弯矩能力较差。

· 在截面性能较差方向，应当设置剪力墙与斜撑。

较强

抗弯矩能力较弱

设在间距较窄的场合。

柱

进深向

面扩向

用途：常用于面扩向间距较窄的建筑物。

※工厂、体育馆等

角型钢管

· 力学性能优异，但与梁交接连接的处理较复杂，组合顺序和施工方法较严谨。

较强

较强

柱

用途：常用于双向设柱为等间距的建筑物。

※办公建筑等

柱的对接节点应设在2~3层（柱长度约为10m）处，同楼层楼板上1m左右的位置设置。

> 一般而言，平板货车能送送的长度约为10m左右。

> 进行焊接作业，所要求的高度适中。

对接节点的种类

> **安装接头构件**
> 钢构造安装时，在钢结构上所安装的临时用板。
> 安装接头构件的螺栓全应焊接加固。
> ※隐藏在壁内时，焊接后可不外露。

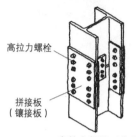

高拉力螺栓

拼接板
（镶接板）

a. 高拉力螺栓对接节点

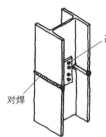

高拉力螺栓

对焊

b. 高拉力螺栓与焊接共用的对接节点

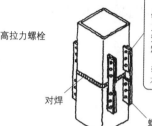

对焊

螺栓

c. 焊接对接节点

对接节点设计

· 对接节点，应设在应力最小处。

· 所设的高拉力螺栓与焊接，原则上均能传递全部作用在对接节点的应力。

· 柱的对接节点设计应力，应为柱截面容许应力的$\frac{1}{2}$以上。　⇦ 不能使得连接部位的强度过低。

> 作用在连接部位的应力

3　柱与梁的交接节点

柱与梁的交接节点处（梁柱结合镶板），容易形成弱点。

⇩

柱与梁的连接部位为刚接合时，连接处应能良好地传递"弯矩"、"剪力"与"轴力"。

⇩

梁与柱的连接处，应当设置刚性较强的加固板（膈板）。

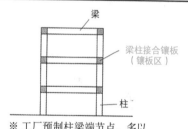

梁

梁柱接合镶板
（镶板区）

柱

※ 工厂预制柱梁端节点，多以此法连接。

膈板

角型钢管

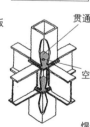

外设膈板

a. 外设膈板

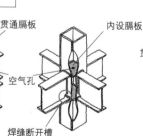

贯通膈板

内设膈板

空气孔

焊缝断开槽

b. 贯通膈板　　c. 内设膈板

H型钢

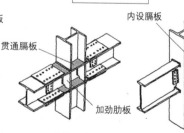

贯通膈板

内设膈板

内设膈板

加劲肋板

d. 贯通膈板　　e. 内设膈板

※ "梁柱结合镶板强度"应较"柱或梁的强度"为大。

※柱与梁的交接处，不可设置拼接板。　⇦ 应力会造成集中，产生构件断裂。

斜撑（Brace）：为了应对风压力或地震力等水平作用力，改变轴向拉力和压力的作用方向，以减少柱和梁内应力的构件。
↑

| 斜撑可抵抗风压力、地震力等水平力，以提高刚度。 |

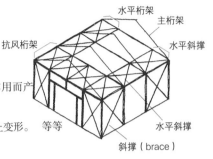

斜撑（Brace）的种类

斜撑（Brace）：在墙内所设置的斜向构件，可防止由于水平力作用而产生变形。

水平斜撑：水平向所设置的斜向构件，可提高水平向刚度，且防止变形。 等等

※提高水平向刚度，对抗震具有效果！

4-1 可作为斜撑的钢材种类与其用途

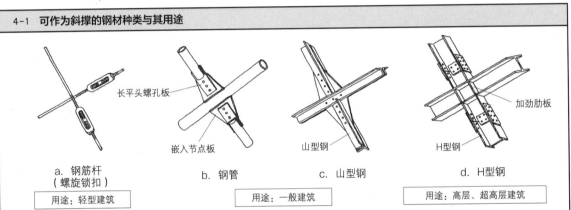

长平头螺孔板

嵌入节点板

山型钢

H型钢

加劲肋板

a. 钢筋杆
（螺旋锁扣）

b. 钢管

c. 山型钢

d. H型钢

| 用途：轻型建筑 | 用途：一般建筑 | 用途：高层、超高层建筑 |

4-2 斜撑节点

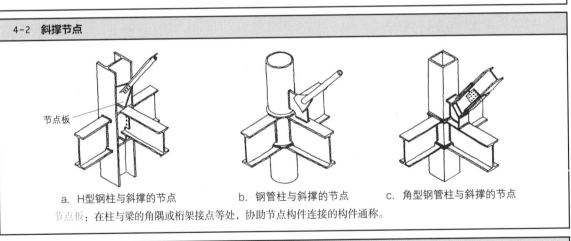

节点板

a. H型钢柱与斜撑的节点

b. 钢管柱与斜撑的节点

c. 角型钢管柱与斜撑的节点

节点板：在柱与梁的角隅或桁架接点等处，协助节点构件连接的构件通称。

4-3 设置斜撑的要点

· 各方向斜撑应均衡设置。

· 当斜撑轴力杆达到屈服前，应当确保连接处和斜撑端部不会产生断裂。

· 斜撑应当设置在柱与梁心线上。
↑
因偏心会产生其他的应力。

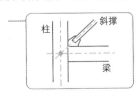

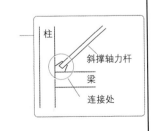

5 柱基

柱基：可传递柱所承受作用力至基础的部位。

柱基种类与固定强度

柱基固定强度（连接强度），具有下列特性：

> 嵌埋型 ＞ 包埋型 ＞ 外露型

※柱基应使用锚定螺栓与基础紧接。

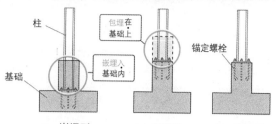

a. 嵌埋型　　　b. 包埋型　　　c. 外露型

5-1 嵌埋型柱基

① 固定式柱基

包埋型：小~中型建筑物

嵌埋型：中~大型建筑物

> 承受轴力、弯矩、剪力作用。

固定式柱基种类

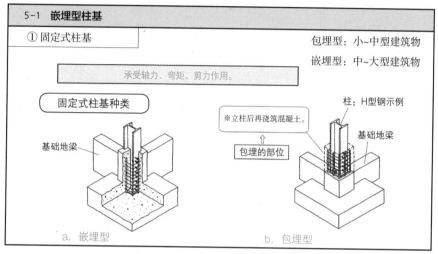

a. 嵌埋型　　　b. 包埋型

柱头螺栓
（焊接埋设螺栓）

可利于连接钢结构柱与混凝土。

焊接柱头螺栓

5-2 外露型柱基

基于柱基固定强度、连接部位刚性的考量，应当评价弯矩强度。
（扭转刚性）

① 半固定式柱基

半固定柱基：小~中型建筑物

> 承受轴力、弯矩、剪力作用。

柱. 角型钢示例

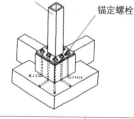

锚定螺栓

肋板

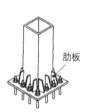

以锚定螺栓固定刚架的情况

锚定螺栓

刚框架

锚定螺栓

锚定螺栓

◎锚定螺栓：直径16~32mm

◎嵌埋深度：螺栓直径的30倍以上

（受拉力的场合，则为40倍以上）

※均等设在柱心处。

外露型柱的锚定螺栓，应设双重螺帽，以防止底座板拔起脱落。

应设双重螺帽。　底座板

② 铰接式柱基

用途：小~中型建筑物

> 承受轴力、剪力作用。

⇦ 由于未承受弯矩，因此基础可设得较小。

※左图状况，柱基会受到扭转等因素作用，因此考量成本、维护等状况，理想的方式为采用铰支撑。

铰支承

铰支承，可作为桥梁、拱的柱基，也可作为大跨度板梁和桁架梁的支点。

楼板

- 楼板可分成底层楼板与上层楼板。
- 底层楼板，可设夯土地坪、空铺地板、架高地板。
- 上层楼板，为将板上荷载传递至骨架的楼板，采用下列楼板：

| 上层楼板 |
| 上层楼板 |
| 底层楼板 |

▽地面

1-1 楼板种类

① 钢板楼板
※不能仅依靠楼板的刚度，应当设置水平斜撑！

在梁上架设龙骨，龙骨上再铺设楼板。

　　特征：·具有优越的不燃特性。

※防滑网纹钢板：钢板表面有菱形突起，用于楼板和楼梯的踏板处。

② 钢筋混凝土楼板

埋设钢筋，以混凝土现场浇筑的楼板。

　　为了加强钢结构梁与混凝土楼板的咬合效果，应在梁翼缘上焊接柱头螺栓或锚固钢筋。

　　特征：·具有优越的耐火性能。·刚度、强度较大。

焊接柱头螺栓

可使得混凝土与钢结构制成一体化。
※柱头螺栓可透过焊接与梁接合。

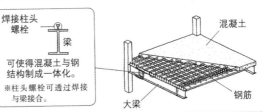

③ ALC楼板
※不能仅依靠楼板的刚度，应当设置水平斜撑！

钢结构梁上铺设以埋设补强钢筋的轻质加气混凝土（ALC）板的楼板。

　　特征：·具有优越的隔热性、耐火性能。　·高空作业的安全性较高。

　　　　　·材料质轻。　　　　　　　　　　·施工简便。

　　　　　·具有优越的隔声性能。　　　　　·可缩短工期。

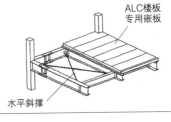

④ 波纹钢板楼板

在钢结构梁上铺设曲折高刚性波纹钢板的楼板。

波纹钢板楼板，有下列种类：
· 单为波纹钢板的楼板
· 浇筑混凝土，与混凝土一体成形的楼板

　　特征：·具有优越的耐火性能。　·施工简便。

　　　　　·高空作业的安全性较高。　·可缩短工期。

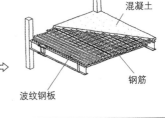

⑤ 预制混凝土楼板
※不能仅依靠楼板的刚度，应当设置水平斜撑！

在钢结构梁上铺设预制混凝土板的楼板。

预制混凝土楼板，有下列种类：
· 单为预制混凝土板的楼板
· 浇筑混凝土，与混凝土一体成形的楼板

　　特征：·具有优越的耐火性能。　·强度较大。

蜂窝管槽方式

　　将2片波纹钢板组合并用，可提高楼板的强度。

　　特征：可利用作为电气配线、给排水配管、冷暖房配管的管槽空间。

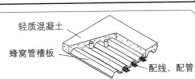

楼梯

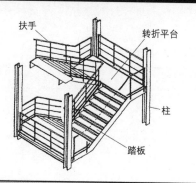

扶手　转折平台　柱　踏板

钢结构楼梯特征

优点

· 质量较轻，可在工厂制作。
· 可设为与钢结构主体工程平行架设的楼梯，作为施工升降通道使用。
· 具有优越的不燃特性。

缺点

· 踏步时会产生噪声。

1-1 楼梯种类

① 侧梁楼梯

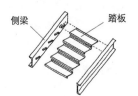

侧梁　踏板

踏板两侧以侧梁固定，以大梁或小梁支承侧梁的楼梯。

※不适合宽度过宽的楼梯。
※多用作为室外逃生梯。

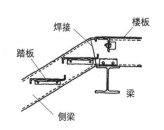

焊接　楼板　踏板　梁　侧梁

② 螺旋楼梯

具有支柱(中心柱)的楼梯，踏板围绕着支柱为散射状设置。

※具有设计性，所需的面积最小，但不适合设在人流量上下较多的场合。

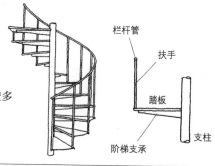

栏杆管　扶手　踏板　支柱　阶梯支承

③ 其他楼梯

a. 中梁楼梯

踏板　中梁

在踏板下，设置中梁。

※当楼梯宽度较宽时，侧梁楼梯就应设中梁。

b. 悬臂楼梯

从墙壁悬臂伸出踏板(悬臂梁)。

c. 悬吊楼梯

将踏板和侧梁以钢管悬吊。

※应当考量防止振动。

d. 踏面楼梯(折板楼梯)

由连续的踏面折板构成。

※踏面楼梯，有下列种类：
· 连续踏面弯折钢板的梯型。
· 由型钢组构连续弯折框架，再将踏面铺上框架的梯型。

防火包覆

钢材若长期处于250°以上的高温环境，强度就会降低。

因此，为了在火灾时不引发强度降低的状况，设置包覆层是必要的。

1-1 防火包覆的种类与特征

种类	梁	柱	特征
喷着式	喷着岩棉	喷着岩棉	将胶粘剂涂布在钢结构和金属网抹灰底层，再以喷枪喷涂岩棉。 ※ 可应对复杂或不规则形状的构造。 然而，喷涂的包覆层厚度和控制均布较为困难，喷涂材料的飞散也会造成环境污染。 ※ 会由于雨水而导致剥落，适合室内环境使用。
涂覆式	砂浆涂层 金属网	圆钢箍筋 金属网 砂浆涂层	将砂浆涂覆在以圆钢箍筋补强加固的金属网面上。 ※ 材料廉价，可兼作防火包覆材料。 然而，需要熟练的施工技术。
灌筑式	混凝土	圆钢箍筋 圆钢箍筋 混凝土	浇筑轻质混凝土等材料。 ※ 不仅可连接，且施工较容易、安全性较高。 然而，耗费浇筑和养护的时间，也容易产生裂缝。
张贴式	ALC板	ALC板	ALC板和硅酸钙板等，应以五金或胶粘剂安装连接。 ※ 作业效率较高，质量管理容易。 然而，会发生破裂和裂损掉落。

防火隔层

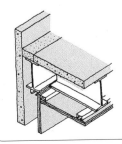

可兼作组合顶棚板或楼板，成为防火结构的防火包覆。

⇧
梁等部位就不能使用这种防火包覆！

※施工简单，精度较佳。
因此，当有一处受到破损时，就会导致整体破坏。
应特别注意设备器具的使用。

根据建筑标准法的防火包覆标准

【平成12年建告1356号】

· 应涂覆厚度为15mm以上的铁网砂浆。
· 应铺盖厚度为12mm以上的石膏板。
· 应铺盖厚度为12mm以上的陶瓷墙板。
· 应铺盖厚度为12mm以上的纤维水泥板。
· 应铺盖厚度为9mm以上的石膏板，并重叠铺设9mm以上的石膏板或难燃复合板。

第4章 钢筋混凝土结构

1 混凝土与钢筋

混凝土特征

钢筋特征

2 钢筋混凝土结构的基础知识

钢筋混凝土结构特征

钢筋混凝土结构原理

结构形式

3 钢筋混凝土结构

钢筋的配筋设计

各部位结构

楼梯

4 壁式钢筋混凝土结构

壁式钢筋混凝土结构

壁式预制钢筋混凝土结构

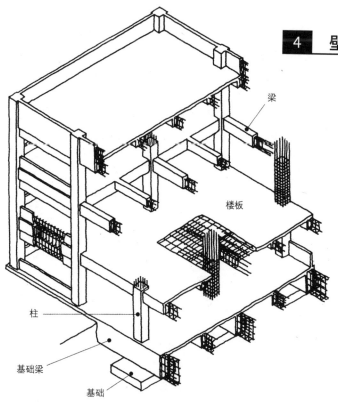

梁

楼板

柱

基础梁

基础

1 混凝土与钢筋

混凝土特征

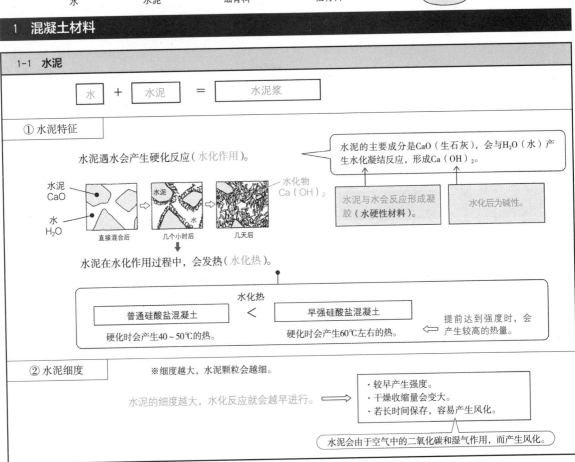

混凝土种类

可分成"普通混凝土"和"轻质混凝土"等，须根据强度和用途来选择。

混凝土性质

混凝土特性：碱性　→ 可使钢筋不易生锈！

混凝土构成

水 ＋ 水泥 ＋ 砂（细骨料）〔骨料〕砂砾（粗骨料）〕 ＋ 〔为了提高混凝土浇筑的作业性〕AE剂（外加剂）等

水　水泥　细骨料　粗骨料

≒5% 空气　水泥浆
18% 水
10% 水泥
≒30% 细骨料　砂浆
≒40% 粗骨料　混凝土

---

1 混凝土材料

1-1 水泥

水 ＋ 水泥 ＝ 水泥浆

① 水泥特征

水泥遇水会产生硬化反应（水化作用）。

水泥的主要成分是CaO（生石灰），会与H_2O（水）产生水化凝结反应，形成$Ca(OH)_2$。

水泥 CaO
水 H_2O

水化物 $Ca(OH)_2$

直接混合后　几个小时后　几天后

水泥与水会反应形成凝胶（水硬性材料）。

水化后为碱性。

水泥在水化作用过程中，会发热（水化热）。

水化热

| 普通硅酸盐混凝土 | ＜ | 早强硅酸盐混凝土 |

硬化时会产生40～50℃的热。　　硬化时会产生60℃左右的热。

提前达到强度时，会产生较高的热量。

② 水泥细度

※细度越大，水泥颗粒会越细。

水泥的细度越大，水化反应就会越早进行。 ⟹

· 较早产生强度。
· 干燥收缩量会变大。
· 若长时间保存，容易产生风化。

水泥会由于空气中的二氧化碳和湿气作用，而产生风化。

第4章 钢筋混凝土结构 1 混凝土与钢筋

③ 水泥的种类与用途

水泥应当依据使用时间、用途、场所与应急作业的需求而进行选择。

种类		特性	用途
硅酸盐水泥	普通硅酸盐水泥	最具有代表性的水泥。 ※ 普通硅酸盐水泥的密度：3.15g/cm³	· 一般的土建作业 · 水泥制品 · 混凝土制品 <div align="right">等</div>
	早强硅酸盐水泥	· 早期强度较高 · 低温能达到预计的强度 · 水化热较高 · 透水性较低 <div align="right">⇨ 可缩短工期</div>	· 冬期作业 · 应急作业 · 混凝土制品 <div align="right">等</div>
	中热硅酸盐水泥	· 水化热较低 · 干燥收缩率较低　⇨ 虽然达到预计强度较晚，但长期强度较高	· 大坝作业 · 大型桥墩作业 <div align="right">等</div>
混合水泥	炉渣水泥	· 初期强度较低，但长期强度较高 · 耐水性和化学抵抗性能优越	· 桥墩或港湾等大型土木作业 <div align="right">等</div>
	二氧化硅水泥	· 初期强度较低，但长期强度较高 · 耐水性和耐化学药性较为优越	· 地下、海水或污水等，须要求水密性的构造作业 <div align="right">等</div>
	粉煤灰水泥 粉煤灰：参照 P109	· 工作性（P122）较佳 · 长期强度较高 · 水化热较低 · 干燥收缩率较低 · 耐久性能优越	· 桥墩或港湾等大型土木作业 <div align="right">等</div>
特殊水泥	白色硅酸盐水泥	从普通硅酸盐水泥中去除氧化铁杂质所生产的白色产品	· 作为表面装修砂浆或装饰材料使用 · 作为彩色水泥的打底层使用 <div align="right">等</div>
	高铝水泥	以带有铝原料的"矾土"与石灰石来生产 · 快速提高早期硬度 · 耐火性、耐酸性能优越	· 应急作业 · 寒冷地区作业 · 耐火构造、化学工场的建设 <div align="right">等</div>

④ 水泥的材料寿命与强度

参照前页
↓

水泥达到预计强度的前后，是依据水泥中所含拌合物与细度的不同而有所差异。

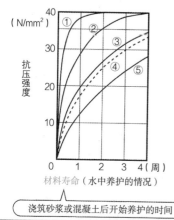

材料寿命（水中养护的情况）

浇筑砂浆或混凝土后开始养护的时间

① 高铝水泥
② 早强硅酸盐水泥
③ 普硅酸盐水泥
④ 高炉、二氧化硅、粉煤灰水泥
⑤ 中热硅酸盐水泥

达到预计强度的顺序
根据左表

高铝水泥
⇩
早强硅酸盐水泥
⇩
普硅酸盐水泥
⇩
高炉、二氧化硅、粉煤灰水泥
⇩
中热硅酸盐水泥

※ 经过3～6个月后，强度基本上达到等同。

1-2　拌合用水

混凝土内，应使用自来水等洁净淡水。

> 含有有机杂质或盐分的水，会影响混凝土的强度和耐久性。
> 此外，也是导致钢筋锈蚀的原因。

① 骨料种类

混凝土所使用的骨料(沙、砂砾),可分成"细骨料"与"粗骨料"。

细骨料 (沙)

粗骨料 (砂砾)

细骨料 (沙)

> 细骨料(沙):使用5mm网目筛网过筛,可通过总量85%以上的骨料。

※使用富含山沙黏土的混凝土,与使用河沙的混凝土相比,山沙的干燥收缩率较大,容易产生裂缝。

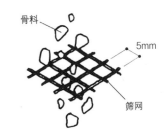

骨料

5mm

筛网

粗骨料 (砂砾)

> 粗骨料(砂砾):使用5mm网目筛网过筛,会残留总量85%以上的骨料。

◎粗骨料,可分成普通骨料、轻质骨材与重质骨料。

	普通骨料	轻质骨料
天然材料	沙、砂砾	火山砾、浮石
垒石制成的材料	碎沙、垒石	珍珠岩 (黑曜石烧制品)
混凝土废料制成的材料	高炉矿渣垒石、矿渣沙	煤炭灰

◎垒石骨料的颗粒形状,可通过绝对体积比来判定。

※垒石骨料的绝对体积比:55%以上

绝对体积比:容器内填满骨料时,骨料的体积占容器体积的比值。

※颗粒形状越接近圆形,绝对体积比越高。

$$绝对体积比 = \frac{骨料的绝对体积 (实质部分)}{容器的容积}$$

绝对体积比
容器内可容纳骨料所占的比例

孔隙率
容器内除去骨料外空隙所占的比例

② 骨料特性

骨料,具有下列特性:

· 大小颗粒应适当地混合,可相互地填补缝隙。
· 骨料强度应较水泥浆(硬化后)的强度更大。●
· 不应掺有影响强度的有害杂质(泥、炭等)和氯化物等。
· 吸水率应较少。⇦当决定混凝土的所需水量时,会因骨料吸收状态而产生影响。

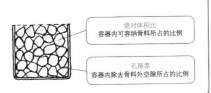

强度
骨料 > 水泥浆

> 所使用的骨料应为表面干燥的状态。
>
> 绝干状态　　气干状态　　表干状态　　湿润状态
>
>
>
> 骨料粒　　　　　　　　　水分　　　　　表面水
>
> 气干状态时:可吸收水泥浆的水分,而使得较预定强度更为坚硬。
> 湿润状态时:水分较预定为多,会使得强度降低。

第4章 钢筋混凝土结构 **1** 混凝土与钢筋

1-4 掺合材料

① 外加剂

外加剂：为化学物质，少量使用的药剂。

AE剂　　※输气剂

会让混凝土内产生细微气泡。

- ·可提高工作度（施工容易）。
- ·可提高抗冻性　　　（参照P112）
- ·可提高耐久性
- ·倘若过度增加空气量，反而会使得强度降低。

⇧

空气量为4%~5%

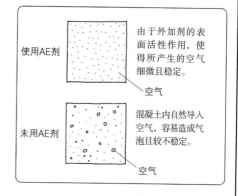

由于外加剂的表面活性作用，使得所产生的空气细微且稳定。

使用AE剂

——空气

混凝土内自然导入空气，容易造成气泡且较不稳定。

未用AE剂

——空气

减水剂

参照P112

⇧

可减少单位水量，并增加混凝土的流动性。

> 未掺合减水剂时：若单位用水量减少，则流动性会变差，而强度提高。
> 掺合减水剂时：即使减少单位用水量，而流动性是可提高，并也可确保强度。

AE减水剂

可获得AE剂和减水剂双重效果（有标准型、促进型、延迟型）

增塑剂

可添加搅拌在新拌混凝土内，以增加流动性。
↥
凝结、硬化状态前的混凝土

凝结延缓剂　　※适用在夏季的混凝土作业。

延缓混凝土硬化，抑制发热量。

防锈剂

抑制混凝土内的钢筋，受到氯化物的锈蚀作用。

② 掺合料

掺合料：为无机材料，较多使用。

粉煤灰　⇦ 火力发电厂在燃烧煤时，所产生的微细粉炭灰

可改善混凝土的工作度，也可减少单位用水量。

膨胀材料

会产生适度地膨胀，而使得干燥收缩的混凝土裂缝量降低。

※用于具有水压的泳池、地下层等，有水密性要求的场所。

第4章　钢筋混凝土结构

1 混凝土与钢筋

2 混凝土强度

2-1 抗压强度

① 抗压强度

混凝土抗压强度：当材料寿命达到4周（28天）时的抗压强度。

> 浇筑混凝土后所经历的时间

> 4周抗压强度：12N/mm² 以上 ——（根据建筑标准法的规定 【令74条1项1号】）

（使用轻质骨料时：9 N/mm² 以上）

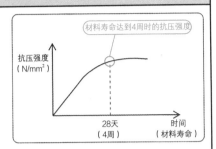

② 抗压强度试验

$$抗压强度 = \frac{最大荷载}{试体截面积}$$

截面积

压缩（荷载）

试体

一般的试体大小
直径：10cm
高度：20cm

压缩（荷载）

强度会因试验时试体的干湿状态不同，而产生差异。

（参照P108）

2-2 设计标准强度和质量标准强度

① 设计标准强度

设计标准强度（F值）：在进行建筑物结构计算时，作为标准的混凝土抗压强度。

普通混凝土 ——————
轻质混凝土（1种、2种）—— 一般来说，多为18 N/mm²

［18、21、24、27、30、33、36（N/mm²）］

② 质量标准强度

质量标准强度：达到建筑物需求质量的必要混凝土抗压强度

> 确保设计标准强度与耐久设计标准强度，作为确定混凝土质量标准的强度

设计标准强度 或耐久设计标准强度 ＜ 质量标准强度

2-3 混凝土的单位容许应力

	长期单位容许应力			短期单位容许应力		
	压力	拉力	剪断	压力	拉力	剪力
普通混凝土	$\frac{1}{3}F$	$\frac{1}{30}F$		各长期单位容许应力值的2倍		

设计标准强度（前项）（N/mm²）

短期为长期所产生应力的2倍。

普通混凝土的单位容许应力（抗压）：

设计标准强度 × 2/3

$1/3 \times 2$ ← 2倍
长期单位容许应力

※F值超过21的混凝土拉力与剪力，应当针对不同状况来确认数值。

混凝土强度的比例

压力	拉力	弯矩	剪力
100	8 ~ 13	15 ~ 25	15 ~ 25

抗压强度是抗拉强度的10倍
※当抗压强度增大时，与抗压强度相对的抗拉强度比例就会减小。

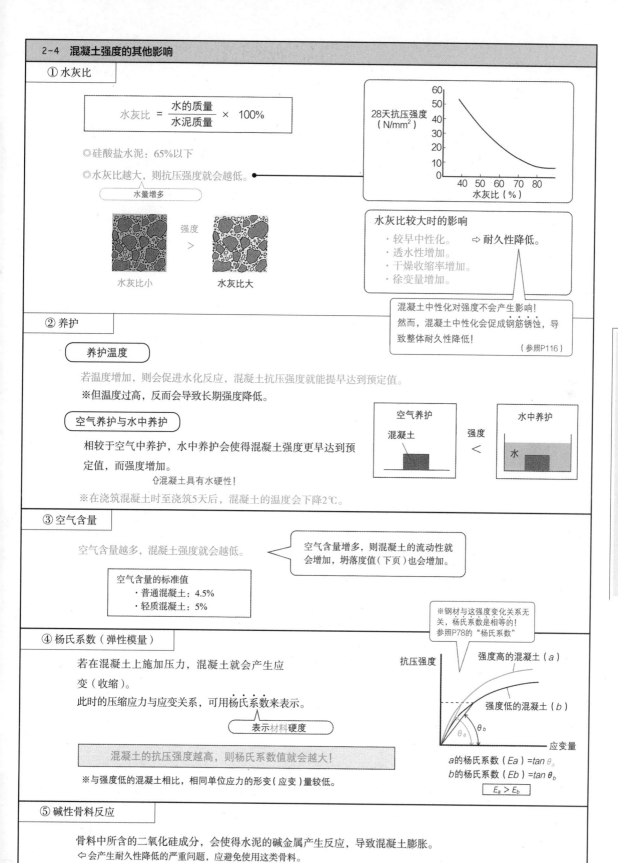

① 水灰比

$$\text{水灰比} = \frac{\text{水的质量}}{\text{水泥质量}} \times 100\%$$

◎硅酸盐水泥：65%以下

◎水灰比越大，则抗压强度就会越低。

水量增多

28天抗压强度（N/mm²）

水灰比（%）

强度 >

水灰比小　　　水灰比大

水灰比较大时的影响
· 较早中性化。　⇨ 耐久性降低。
· 透水性增加。
· 干燥收缩率增加。
· 徐变量增加。

混凝土中性化对强度不会产生影响！
然而，混凝土中性化会促成钢筋锈蚀，导致整体耐久性降低！

（参照P116）

② 养护

养护温度

若温度增加，则会促进水化反应，混凝土抗压强度就能提早达到预定值。
※但温度过高，反而会导致长期强度降低。

空气养护与水中养护

相较于空气中养护，水中养护会使得混凝土强度更早达到预定值，而强度增加。
⇧混凝土具有水硬性！
※在浇筑混凝土时至浇筑5天后，混凝土的温度会下降2℃。

空气养护
混凝土

强度 <

水中养护
水

③ 空气含量

空气含量越多，混凝土强度就会越低。

空气含量增多，则混凝土的流动性就会增加，坍落度值（下页）也会增加。

空气含量的标准值
· 普通混凝土：4.5%
· 轻质混凝土：5%

④ 杨氏系数（弹性模量）

若在混凝土上施加压力，混凝土就会产生应变（收缩）。
此时的压缩应力与应变关系，可用杨氏系数来表示。

表示材料硬度

混凝土的抗压强度越高，则杨氏系数值就会越大！

※与强度低的混凝土相比，相同单位应力的形变（应变）量较低。

※钢材与这强度变化关系无关，杨氏系数是相等的！
参照P78的"杨氏系数"

抗压强度

强度高的混凝土（a）

强度低的混凝土（b）

θ_a　θ_b

应变量

a的杨氏系数（E_a）=$\tan\theta_a$
b的杨氏系数（E_b）=$\tan\theta_b$

$E_a > E_b$

⑤ 碱性骨料反应

骨料中所含的二氧化硅成分，会使得水泥的碱金属产生反应，导致混凝土膨胀。
⇦会产生耐久性降低的严重问题，应避免使用这类骨料。

第4章　钢筋混凝土结构　1 混凝土与钢筋

工作度

混凝土（新拌混凝土）固化前的特性，可表示主要混凝土浇筑

作业的容易程度。

流动性与混凝土均质性两者皆重。

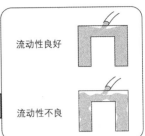

流动性良好

流动性不良

⇩

3-1 坍落度值

坍落度值：新拌混凝土的流动性程度，可通过坍落度

试验测得。

① 坍落度试验

将下图形状的铁锥桶填入和捣实混凝土，之后向上提拉起铁锥桶，测量混

凝土中央部坍落降低的坍落度值。

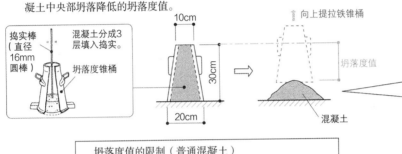

捣实棒
(直径
16mm
圆棒)

混凝土分成3
层填入捣实。

坍落度锥桶

10cm

30cm

20cm

向上提拉铁锥桶

坍落度值

混凝土

◎过硬混凝土

虽然可发挥强度，但流
动性不良。

◎优质混凝土

流动性佳，可发挥强度。

◎坍离混凝土

虽然流动性佳，但过度
坍离，无法发挥强度。

坍落度值的限制（普通混凝土）

质量标准强度高于33 N/mm² 时：21cm以下

质量标准强度低于33 N/mm² 时：18cm以下

坍落度值大：混凝土较软，容易产生坍离

坍落度值小：混凝土较硬，流动性不佳

坍落度值越大，则混凝土强度越低！

3-2 影响流动性的因素

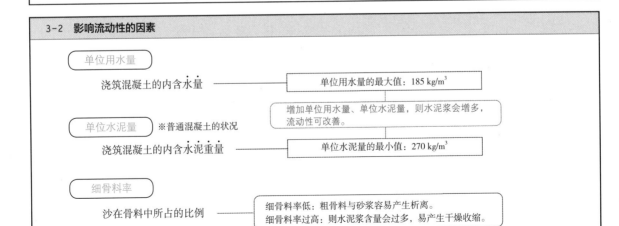

单位用水量

浇筑混凝土的内含水量 —— 单位用水量的最大值：185 kg/m³

增加单位用水量、单位水泥量，则水泥浆会增多，
流动性可改善。

单位水泥量　※普通混凝土的状况

浇筑混凝土的内含水泥重量 —— 单位水泥量的最小值：270 kg/m³

细骨料率

沙在骨料中所占的比例 —— 细骨料率低：粗骨料与砂浆容易产生析离。
细骨料率过高：则水泥浆含量会过多，易产生干燥收缩。

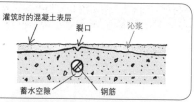

灌筑时的混凝土表层　裂口　沁浆

蓄水空隙　钢筋

> **泌浆**
>
> ·混凝土浇筑后在凝结过程时，浆内部的水分析离浮出至材料表面。
>
> ·钢筋下侧会产生蓄水空隙，使得附着力（P117）降低。
>
> ⇩
>
> 尽可能地减少单位用水量（应确保在工作度范围内）

4　硬化后特性

① 干燥形成的收缩

混凝土会因干燥而形成收缩，并产生裂缝！

混凝土因干燥所产生的收缩，会受到单位用水量、单位水泥量、空气量、掺合料与养护方法等影响，

其中单位用水量影响最大。

> ·单位用水量多：增加干燥收缩量
> ·单位水泥量多：增加干燥收缩量
> ·空气养护较水中养护的收缩量为大

抑制因干燥所
产生的收缩！

⇒

> 降低水灰比，减少单
> 位用水量。

② 耐久性

> **中性化**

混凝土所含的碱性，虽然可防止钢筋锈蚀，但若长时处在空气中，由于空气中的二氧化碳作用，

反而会造成碱性丧失而形成中性化。（P116）

> 中性化的形成
> ·水灰比较高　　　　　：较早
> ·空隙较多　　　　　　：较早
> ·使用AE剂、减水剂时　：较晚
> ·使用粉煤灰　　　　　：较早
> ·混凝土的抗压强度较大：较晚
>
> ※与室外相比室内的中性化形成较早。

> 由于人们会释放出二氧化碳，室内
> 较室外所含有的二氧化碳浓度更高。

> **冻害**

混凝土中的水，会因温度变化，反复形成冻结与融化，使得混凝土的品质降低。

> ·水灰比较低：冻害较少
> ·水密性较高：冻害较少
> ·使用AE剂：对冻害的抵抗力较大
> ·吸水性较低：对冻害产生的抵抗力较大

> **耐火性能**

混凝土约260℃时，会丧失晶体构造，使得抗压强度开始降低。

> 抗压强度　　500℃：较常温时约低40%
> 　　　　　　600℃：较常温时约低50%

> **化学侵蚀**

混凝土特别对酸性物的抵抗能力较弱，也容易受到氯化物的侵蚀。

对策　·在混凝土表面涂布耐腐蚀性较高的材料，作为保护层。
　　　·使用水密性较高的混凝土。
　　　·混凝土的氯化物含量，应控制在0.30 kg/m³以下。

第4章　钢筋混凝土结构　**1**　混凝土与钢筋

钢筋种类

可分成"光面钢筋"与"异形钢筋"。

光面钢筋

异形钢筋

钢筋特性

钢筋特性：酸性 ◁ 混凝土的碱性可防止钢筋酸性化。

1-1 钢筋成分

铁（Fe） + 少量的碳（C）+锰（Mn）+硅（Si）+磷（P）+硫（S）

◎含碳量低：·质地较软
　　　　　　·强度较低
　　　　　　·接粘强度较高
　　　　　　·加工性能较佳
　　　　　　·焊接性能较佳

◎含碳量高：·质地较硬
　　　　　　·强度较高
　　　　　　·加工性能较差
　　　　　　·焊接性能较差

1-2 钢筋的抗拉强度与表示方式

钢筋的抗拉性能较强，主要用作承担拉力的构件。

① 抗拉强度

钢筋抗拉强度，可通过抗拉试验测得。

抗拉试验

⇑ 拉力
钢筋
⇓ 拉力

杨氏系数（E）　（参照P78）

抗拉强度与应变量的比值
※钢材在常温时为2.05×10^5（N/mm²）

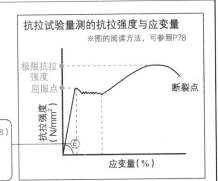

抗拉试验量测的抗拉强度与应变量
※图的阅读方法，可参照P78

极限抗拉强度
屈服点
断裂点
抗拉强度（N/mm²）
E
应变量（%）

② 表示方式（JIS符号）

钢筋符号

·光面钢筋：SB（Steel Round）
·异形钢筋：SD（Steel Deformed）

钢筋与钢结构的符号是不同的

| 钢筋 | 铁骨 |
| SD295 | SN400 |

↑ 屈服点的下限值　　↑ 抗拉强度的下限值

钢筋尺寸的表示

·光面钢筋：钢筋直径（$\phi 9$、$\phi 13$等）
·异形钢筋：标记名称（D9、D13等）

钢筋种类	种类符号	屈服点应力或 0.2% 强度（N/mm²）	抗拉强度（N/mm²）
光面钢筋	SR235	235 以上	380 ~ 520
	SR295	295 以上	440 ~ 600
异形钢筋	SD295A	295 以上	440 ~ 600
	SD295B	295 ~ 390	440 以上
	SD345	345 ~ 440	490 以上
	SD390	390 ~ 510	560 以上
	SD490	490 ~ 625	620 以上

直径
以标记名称表示
钢筋截面

标记名称	公称直径
D10	9.53
D13	12.7

等

a. 光面钢筋　b. 异形钢筋

第4章　钢筋混凝土结构　❶混凝土与钢筋

2 钢筋混凝土结构的基础知识

钢筋混凝土结构特征

优点

· 耐火性、耐久性能优良。

· 强度大、抗震性能优良。 ◁ 实施适当地设计与施工时

· 为整体式结构，构件截面形状可自由设计。

· 建筑物的维护管理，较为容易。

· 建造6～8层的建筑物时，是经济的。

缺点

· 与相同规模的建筑物相比自重较大。

· 施工复杂，工期较长。 ◁ 现场作业容易遭受天候影响

· 施工质量的好坏，会直接影响建筑物质量的优劣。

· 建筑物拆解和移筑较为困难。

1 结构设计时的注意事项

柱位布置设计 （柱结构，可参照P128～130）

优良示例 ○

平面、立面皆均等设置柱位

柱位间距：5～7m　每根柱的支承面积：25～30m²。

平面　　剖面

· 柱间距：5～7m
· 每根柱的支承面积：25～30m²

错误示例 ×

平面、立面不均等设置柱位

平面　　剖面

⇧

由于钢筋混凝土构造的自重较大，不均等设置柱位在结构设计上是不合理的。

剪力墙的规划设计 （剪力墙构造，可参照P132～133）

※剪力墙可抵抗地震等水平力，又称为抗震墙。

· 设在2处以上的交点位置。

· 设在上下楼层相同的位置。

· 在底层处不能减量设置。

· 尽量设在建筑物重心与刚心一致的位置。

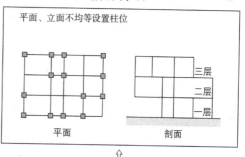

◎剪力墙交点为2处以上

交点

稳定

◎剪力墙交点为1处以下

不稳定

建筑物的重心与刚心距离（偏心距）越大，则地震时建筑物整体所产生的扭转就会越大。

※重心：建筑物的重量中心。
　刚心：承受水平荷载时，建筑物产生扭转的旋转中心。

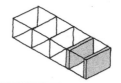

重心　　刚心

钢筋混凝土结构原理

1 材料特征

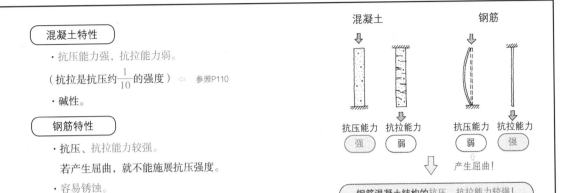

混凝土特性

· 抗压能力强，抗拉能力弱。

（抗拉是抗压约 $\frac{1}{10}$ 的强度）⇦ 参照P110

· 碱性。

钢筋特性

· 抗压、抗拉能力较强。

若产生屈曲，就不能施展抗压强度。

· 容易锈蚀。

· 若温度增加则强度会急剧下降。

混凝土

钢筋

抗压能力　抗拉能力　抗压能力　抗拉能力
强　　　弱　　　弱　　　强

产生屈曲！

钢筋混凝土结构的抗压、抗拉能力较强！

活用各种特性，建造合理的高强度建筑！

2 钢筋混凝土结构机制

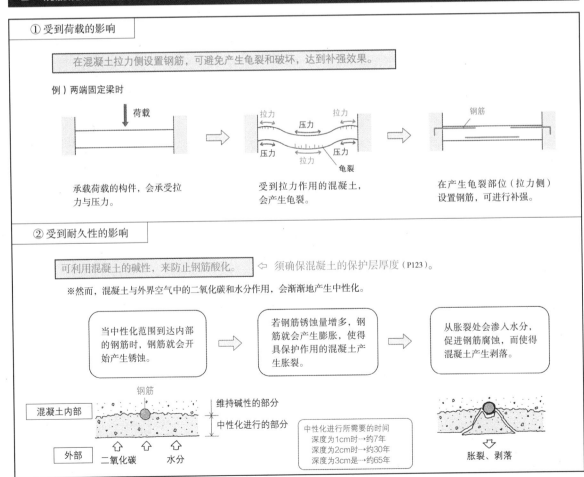

① 受到荷载的影响

在混凝土拉力侧设置钢筋，可避免产生龟裂和破坏，达到补强效果。

例）两端固定梁时

荷载

拉力　　拉力
压力
压力　　压力
拉力
龟裂

钢筋

承载荷载的构件，会承受拉力与压力。

受到拉力作用的混凝土，会产生龟裂。

在产生龟裂部位（拉力侧）设置钢筋，可进行补强。

② 受到耐久性的影响

可利用混凝土的碱性，来防止钢筋酸化。⇦ 须确保混凝土的保护层厚度（P123）。

※然而，混凝土与外界空气中的二氧化碳和水分作用，会渐渐地产生中性化。

当中性化范围到达内部的钢筋时，钢筋就会开始产生锈蚀。

若钢筋锈蚀量增多，钢筋就会产生膨胀，使得具保护作用的混凝土产生胀裂。

从胀裂处会渗入水分，促进钢筋腐蚀，而使得混凝土产生剥落。

混凝土内部

钢筋

维持碱性的部分
中性化进行的部分

外部

二氧化碳　　水分

中性化进行所需要的时间
深度为1cm时→约7年
深度为2cm时→约30年
深度为3cm是→约65年

胀裂、剥落

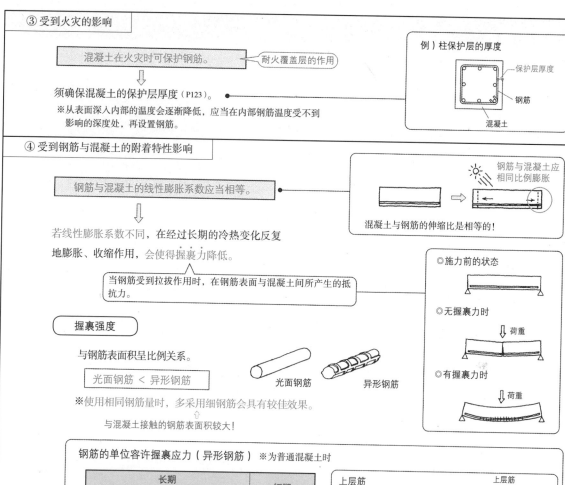

③受到火灾的影响

混凝土在火灾时可保护钢筋。 — 耐火覆盖层的作用

⇩

须确保混凝土的保护层厚度（P123）。

※从表面深入内部的温度会逐渐降低，应当在内部钢筋温度受不到影响的深度处，再设置钢筋。

例）柱保护层的厚度

保护层厚度
钢筋
混凝土

④受到钢筋与混凝土的附着特性影响

钢筋与混凝土的线性膨胀系数应当相等。

⇩

若线性膨胀系数不同，在经过长期的冷热变化反复地膨胀、收缩作用，会使得握裹力降低。

当钢筋受到拉拔作用时，在钢筋表面与混凝土间所产生的抵抗力。

钢筋与混凝土应相同比例膨胀

混凝土与钢筋的伸缩比是相等的！

握裹强度

与钢筋表面积呈比例关系。

光面钢筋 ＜ 异形钢筋

光面钢筋　异形钢筋

※使用相同钢筋量时，多采用细钢筋会具有较佳效果。

⇧

与混凝土接触的钢筋表面积较大！

◎施力前的状态

◎无握裹力时 ⇩荷重

◎有握裹力时 ⇩荷重

钢筋的单位容许握裹应力（异形钢筋） ※为普通混凝土时

长期		短期
上层筋	其他钢筋	为长期的
$0.8 \times \left(\dfrac{F_c}{60} + 0.6 \right)$	$\dfrac{F_c}{60} + 0.6$	1.5 倍

上层筋

在梁等的受弯构件，钢筋下应设300mm以上的混凝土。

上层筋
300mm以上

F_c：混凝土的设计标准强度 N/m² （P110）

※握裹强度随着混凝土强度增大而增加！

3　破坏形式

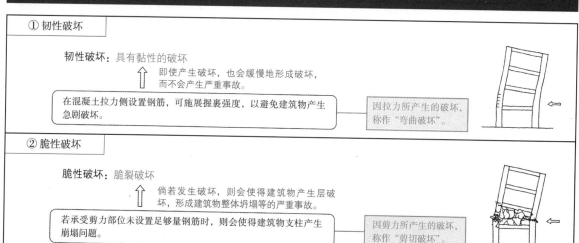

①韧性破坏

韧性破坏：具有黏性的破坏

⇧ 即使产生破坏，也会缓慢地形成破坏，而不会产生严重事故。

在混凝土拉力侧设置钢筋，可施展握裹强度，以避免建筑物产生急剧破坏。

因拉力所产生的破坏，称作"弯曲破坏"。

②脆性破坏

脆性破坏：脆裂破坏

⇧ 倘若发生破坏，则会使得建筑物产生层破坏，形成建筑物整体坍塌等的严重事故。

若承受剪力部位未设置足够量钢筋时，则会使得建筑物支柱产生崩塌问题。

因剪力所产生的破坏，称作"剪切破坏"。

结构形式

① 框架结构

柱与梁以刚性连接的组合骨架结构。

对抗地震能力较强，耐火性、耐久性能优越。

此外，由于自重较大，基础所须承载的荷载较大，不适用于跨度较大的建筑物。

※Rahmen在德语中是Frame（框架）的意思。

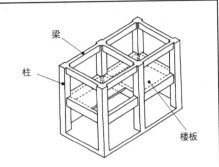

梁

柱

楼板

② 壁式结构

由剪力墙与楼板，以及屋顶板所组构的结构。

可有效地进行无柱和梁的平面规划。

与框架构造相比施工简单，多用于住宅建筑和小型集合住宅等。

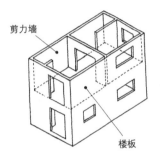

剪力墙

楼板

③ 预制钢筋混凝土结构

使用预制混凝土构件，在现场进行组装的结构。

可提高产量效果与工厂生产效率，确保较高质量，也可缩短工期。

预制混凝土板：预先在工厂成型的混凝土板构件

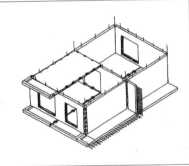

④ 无梁板结构

不用梁，直接以柱支承楼板的结构。

对于大跨度支承无法进行水平抵抗，而应辅助设置剪力墙等。

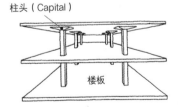

柱头支承板（无梁板）

柱头（Capital）

柱

楼板

⑤ 薄壳结构

使用薄曲面板的结构。

适用在礼堂和体育馆等大空间建筑物的屋面和墙壁等。

※耗工费时。

EP薄壳

HP薄壳

3 钢筋混凝土结构

钢筋的配筋设计

配筋基本概念

在混凝土受拉处，须设抗拉强度较大的钢筋。

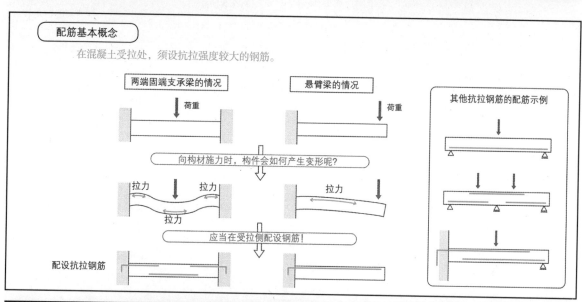

1 锚定弯钩

锚定弯钩：可防止钢筋从混凝土内拔出。

① 弯折的形状与尺寸

弯折角度与锚定长度	钢筋种类	钢筋直径	弯折内径（D）	
			柱、梁、基础的主筋	环筋、箍筋、楼板筋、墙筋
180° 锚定长度4d以上	SD 295A SD 295B SD 345 SR 235 SR 295	D 16 以下 D 16φ 以下	标准 5d 以上（最小3d 以上）	3d 以上
135° 锚定长度6d以上		D 19~D 38 19φ	标准 6d 以上（最小4d 以上）	4d 以上
		D 41	标准 7d 以上（最小5d 以上）	5d 以上
90° 锚定长度10d以上	SD 390	D 41 以下	标准 7d 以上（最小5d 以上）	5d 以上

（P126）（P129）
箍筋、环筋的末端，应当弯折135°以上。

弯折角度90°：
板筋、墙筋的末端或U型箍筋时使用。

d：光面钢筋的直径，称呼异形钢筋须用数字（P114）。

灰色文字为框内所标记用途的钢筋

（JASS 5）

② 钢筋末端锚定弯钩的应设位置

光面钢筋

· 所有筋的末端

异形钢筋

· 箍筋、环筋、系拉筋

· 柱、梁（基础梁除外）角隅处的钢筋

· 烟囱的钢筋

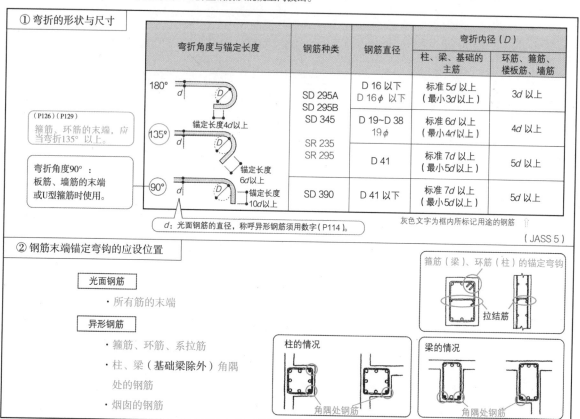

箍筋（梁）、环筋（柱）的锚定弯钩

拉结筋

柱的情况

角隅处钢筋

梁的情况

角隅处钢筋

锚固：梁主筋埋入柱内，或次梁主筋埋入主梁内，应当埋设较深，以避免被拔出。

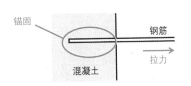

锚固

钢筋

拉力

混凝土

锚固采用异形钢筋和锚定弯钩，是具有效果的！

异形钢筋

混凝土

附设锚定弯钩

混凝土

异形钢筋可增加与混凝土间的握裹力，而不易被拔出

有锚定弯钩也不易被拔出

① 锚固长度

锚固长度以钢筋的种类与混凝土的强度来决定。⇦ JASS 5（日本建筑学会）

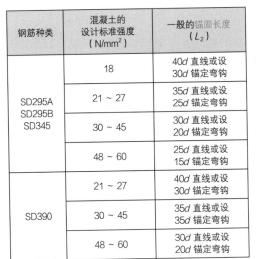

钢筋种类	混凝土的设计标准强度（N/mm²）	一般的锚固长度（L_2）
SD295A SD295B SD345	18	40d 直线或设 30d 锚定弯钩
	21 ~ 27	35d 直线或设 25d 锚定弯钩
	30 ~ 45	30d 直线或设 20d 锚定弯钩
	48 ~ 60	25d 直线或设 15d 锚定弯钩
SD390	21 ~ 27	40d 直线或设 30d 锚定弯钩
	30 ~ 45	35d 直线或设 35d 锚定弯钩
	48 ~ 60	30d 直线或设 20d 锚定弯钩

a. 未设锚定弯钩时（直线）

L_2

钢筋

混凝土

b. 设有锚定弯钩时

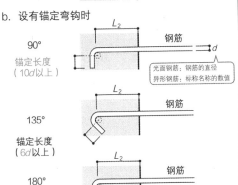

90°
锚定长度
（10d 以上）

L_2
钢筋

光面钢筋：钢筋的直径
异形钢筋：标称名称的数值

135°
锚定长度
（6d 以上）

L_2
钢筋

180°

L_2
钢筋

锚定长度（4d 以上）

◎在建筑标准法中，有下列规定： ⇦ 日本建筑师考试以此为标准！

	普通混凝土	轻质混凝土
抗拉钢筋的锚固长度	40d 以上	50d 以上
抗压钢筋的锚固长度	25d 以上	30d 以上

钢筋直径（光面钢筋）或标称名称（异形钢筋）的25倍

锚固长度不足或设置位置不当时，
会引发以下问题：
· 连接处被破坏
· 混凝土被破坏 等

锚固长度不足

钢筋被拔出

荷载

连接处被破坏

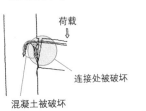

设置位置不当

荷载

连接处被破坏

混凝土被破坏

② 锚固长度的估算方法

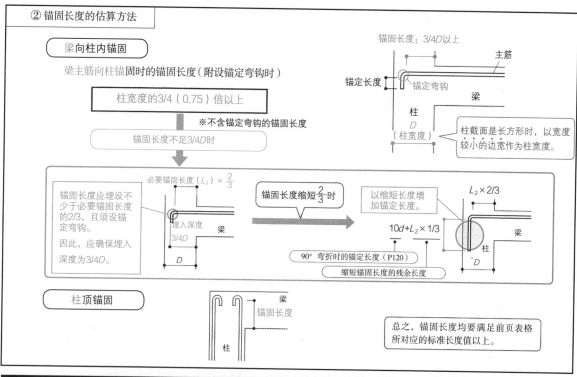

梁向柱内锚固

梁主筋向柱锚固时的锚固长度（附设锚定弯钩时）

柱宽度的3/4（0.75）倍以上

※不含锚定弯钩的锚固长度

锚固长度不足3/4D时

必要锚固长度（L_2）× $\frac{2}{3}$

锚固长度应埋设不少于必要锚固长度的2/3，且须设锚定弯钩。
因此，应确保埋入深度为3/4D。

埋入深度 3/4D

锚固长度缩短$\frac{2}{3}$时

以缩短长度增加锚定长度。

$L_2 × 2/3$

$10d + L_2 × 1/3$

90° 弯折时的锚定长度（P120）

缩短锚固长度的残余长度

锚固长度：3/4D以上

主筋

锚定长度

锚定弯钩

梁

柱
D
（柱宽度）

柱截面是长方形时，以宽度较小的边宽作为柱宽度。

柱顶锚固

梁

锚固长度

柱

总之，锚固长度均要满足前页表格所对应的标准长度值以上。

---

3 钢筋搭接

① 对接种类

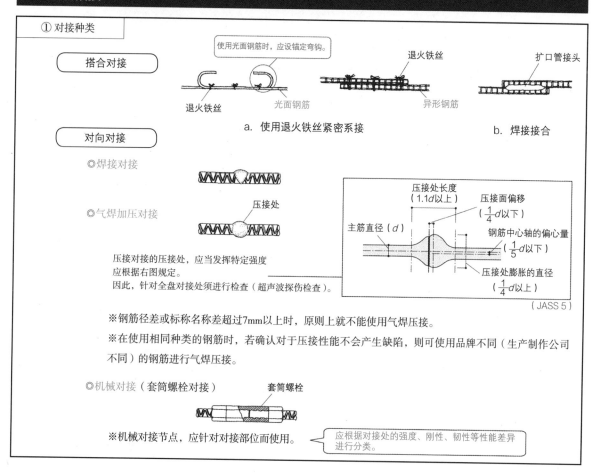

搭合对接

使用光面钢筋时，应设锚定弯钩。

退火铁丝

光面钢筋

退火铁丝

异形钢筋

扩口管接头

a. 使用退火铁丝紧密系接

b. 焊接接合

对向对接

◎焊接对接

◎气焊加压对接

压接处

压接对接的压接处，应当发挥特定强度应根据右图规定。
因此，针对全盘对接处须进行检查（超声波探伤检查）。

压接处长度
（1.1d以上）

压接面偏移
（$\frac{1}{4}d$以下）

主筋直径（d）

钢筋中心轴的偏心量
（$\frac{1}{5}d$以下）

压接处膨胀的直径
（$\frac{1}{4}d$以上）

（JASS 5）

※钢筋径差或标称名称差超过7mm以上时，原则上就不能使用气焊压接。

※在使用相同种类的钢筋时，若确认对于压接性能不会产生缺陷，则可使用品牌不同（生产制作公司不同）的钢筋进行气焊压接。

◎机械对接（套筒螺栓对接）

套筒螺栓

※机械对接节点，应针对对接部位而使用。

应根据对接处的强度、刚性、韧性等性能差异进行分类。

② 搭接的长度

对接长度，须根据钢筋种类与混凝土强度来决定。　⇦　JASS 5（日本建筑学会）

钢筋种类	混凝土设计标准强度（N/mm²）	一般的搭接长度（L_1）
SD295A SD295B SD345	18	45d 直线或设 35d 锚定弯钩
	21~27	40d 直线或设 30d 锚定弯钩
	30~45	35d 直线或设 25d 锚定弯钩
	48~60	30d 直线或设 20d 锚定弯钩
SD390	21~27	45d 直线或设 35d 锚定弯钩
	30~45	40d 直线或设 30d 锚定弯钩
	48~60	35d 直线或设 25d 锚定弯钩

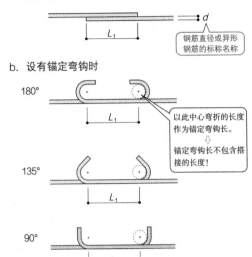

a. 未设锚定弯钩时（直线）

钢筋直径或异形钢筋的标称名称

b. 设有锚定弯钩时

180°

以此中心弯折的长度作为锚定弯钩长。
⇩
锚定弯钩长不包含搭接的长度！

135°

90°

◎在建筑标准法中，有下列规定：　⇦　日本建筑师考试以此为标准！

	普通混凝土	轻质混凝土
抗压钢筋（在承受抗拉最少处设置）	25d 以上	30d 以上
抗拉钢筋（在上述以外的部位设置）	40d 以上	50d 以上

为钢筋直径（光面钢筋）或标称名称（异形钢筋）的40倍

③ 搭接的注意事项

◎在柱、梁应力较小处（拉力最少处）进行接合。

例）梁（两端固定）的情况

拉力　拉力

拉力

拉力最少处

◎D35以上的异形钢筋，原则上不能使用搭接。

通常使用气焊压接。

D19以上的异形钢筋，较多使用压接对接。

◎直径不同的钢筋对接长度，以直径小的钢筋来计算所需长度。

细钢筋　　　粗钢筋

d

◎当对接处集中时，应当错开设置。

开裂裂缝

L_1

L_1

在受拉侧容易产生开裂，不能采用这种错开的方式。

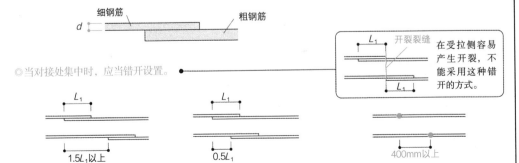

L_1

L_1

1.5L_1以上　　0.5L_1　　400mm以上

a. 搭接的情况　　　　b. 气焊压接的情况

4 保护层厚度

保护层厚度：最外层钢筋表面至所覆盖混凝土表面的最短距离（厚度）。

保护层厚度的功能：具有耐火性、耐久性，可确保**钢筋附着力**。（参照P116~117）

※会影响构件强度。

混凝土的保护层厚度，会因所设部位、是否与土壤接触等特性，导致室内与室外有所差异。

JASS 5（日本建筑学会）

设置部位			设定保护层厚度	
			有装修（利于耐久的装修）	无装修
未与土壤接触的部位	·楼板 ·屋顶板 ·非剪力墙	室内	30	30
		室外	30	40
	·柱 ·梁 ·剪力墙	室内	40	40
		室外	40	50
	·挡土墙		50	50
与土壤接触的部位	·柱、梁、楼板、墙 连续基础的地梁部位		50（轻质混凝土时+10mm）	
	·基础、挡土墙		70（轻质混凝土时+10mm）	

（单位：mm）

a. 柱

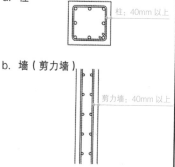

柱：40mm 以上

b. 墙（剪力墙）

剪力墙：40mm 以上

c. 梁、楼板

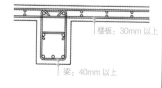

楼板：30mm 以上

梁：40mm 以上

◎在建筑标准法中，有以下规定：

⇩ 日本建筑师考试以此为标准！

构造部位	保护层厚度
剪力墙外的墙、楼板	2cm 以上
剪力墙、柱、梁	3cm 以上
与土壤接触的墙、柱、楼板、梁	4cm 以上
连续基础的地梁部位	4cm 以上
基础（除连续基础的地梁部位外）	6cm 以上（除混凝土垫层外）

进行单位容许应力计算时，混凝土保护层也设定承担压力作用。

建筑标准法中所规定的最低标准，实际上是使用"JASS 5"的设计保护层厚度值。

5 钢筋（主筋）的间隙

◎**钢筋间隙**：以设定不会造成混凝土分离、且可密实灌筑的必要最小值。⇨ 间隙过密会造成骨料分离！

应当满足下列条件：

· 25mm 以上
· 光面钢筋直径、异形钢筋标称名称的1.5倍以上。
· 骨材最大粒径的1.25倍以上

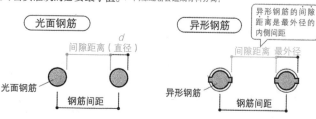

光面钢筋

间隙距离（直径）d

光面钢筋

钢筋间距

异形钢筋

异形钢筋的间隙距离是最外径的内侧间隙

间隙距离 最外径

异形钢筋

钢筋间距

◎**钢筋间距**：钢筋的中心间隔距离

各部位结构

1 梁

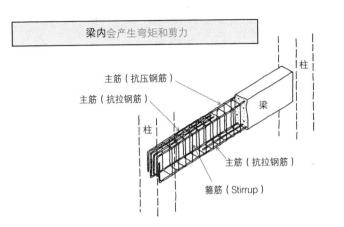

梁内会产生弯矩和剪力

- 主筋（抗压钢筋）
- 主筋（抗拉钢筋）
- 柱
- 梁
- 主筋（抗拉钢筋）
- 箍筋（Stirrup）

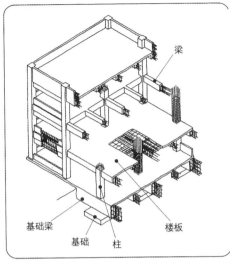

- 梁
- 基础梁
- 基础　柱
- 楼板

1-1 梁结构

① 梁尺寸

梁高：约为跨度的 $\frac{1}{10} \sim \frac{1}{12}$

※在进行构造计算时，若不能确保因徐变等变形而引发的结构缺陷，梁高应设定超过跨度的 $\frac{1}{10}$。

梁宽：约为梁高的 $\frac{1}{2}$

> **徐变**
> 受到作用力的作用，经过一段时间后，构件出现变形渐增的现象。

② 梁的形状

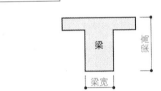

梁两端处
- 楼板
- 受拉侧
- 中性轴
- 受压侧

a. 矩形梁

在梁两端处，由于楼板位在梁受拉侧，因此楼板无法协助梁，不能抵抗拉力。

⇩

楼板不能视为梁的一部分。

梁中央处
- 楼板
- 受压侧
- 中性轴
- 受拉侧

b. T型梁

在梁中央处，楼板位在梁受压侧，楼板可协助梁抵抗压力。

⇩

楼板可视为梁的一部分。

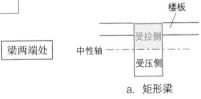

中性轴位在截面重心。

例）矩形梁的情况

中性轴位在梁中心
上下侧钢筋等量

中心轴向受拉侧移动
受拉侧
受拉侧钢筋多量

受拉侧：仅由钢筋来承受拉力。
受压侧：由混凝土与钢筋来承受压力。

⇐ 混凝土无法承受拉力！

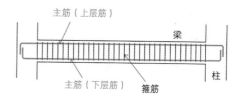

◎ **主筋**常使用D13（ϕ13mm）以上的异形钢筋（P114）。

◎ 主筋主要设在承受拉力侧。

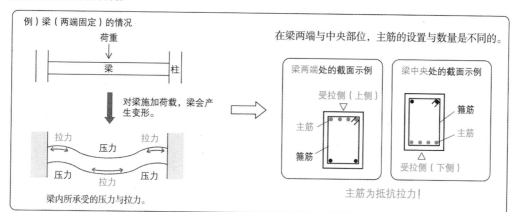

例）梁（两端固定）的情况

荷重

梁　柱

对梁施加荷载，梁会产生变形。

拉力　压力　拉力

压力　拉力　压力

梁内所承受的压力与拉力。

在梁两端与中央部位，主筋的设置与数量是不同的。

梁两端处的截面示例

受拉侧（上侧）

主筋

箍筋

梁中央处的截面示例

箍筋

主筋

受拉侧（下侧）

主筋为抵抗拉力！

◎ 主要的构件梁，整体皆应设复筋梁。

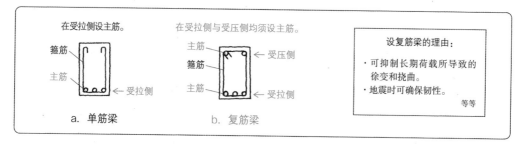

在受拉侧设主筋。

箍筋

主筋

受拉侧

a. 单筋梁

在受拉侧与受压侧均须设主筋。

主筋 ← 受压侧

箍筋

主筋 ← 受拉侧

b. 复筋梁

设复筋梁的理由：
· 可抑制长期荷载所导致的徐变和挠曲。
· 地震时可确保韧性。
等等

◎ 主筋设置不得超过双层。

双层筋

主筋

）不得超过双层

梁中央处

◎ 当梁高较高时，应设腹筋和系拉筋。

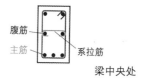

腹筋

主筋

系拉筋

梁中央处

◎ 梁抗拉钢筋的锚固长度　<　参照P120~121

梁抗拉钢筋，锚定在柱内40d以上。　<　建筑标准法

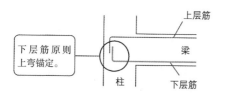

下层筋原则上弯锚定。

上层筋

梁

柱

下层筋

上层筋、下层筋，会因设置的部位、功能（受拉与受压）而有所差异。

两端侧：上层筋是抗拉钢筋
　　　　下层筋是抗压钢筋

中央处：上层筋是抗压钢筋
　　　　下层筋是抗拉钢筋

第4章　钢筋混凝土结构　**3** 钢筋混凝土结构

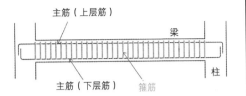

箍筋（Stirrup）：具有抗剪补强的作用

※箍筋并非仅是抑制剪切开裂，还可防止裂缝扩大。

① 箍筋的尺寸与间距

箍筋：直径9mm以上的光面钢筋或D10（ϕ10mm）以上的异形钢筋

箍筋间距：梁高的$\frac{1}{2}$以下，且为250mm以下

（使用直径9mm或D10钢筋时）

建筑标准法：箍筋间距为梁高的$\frac{3}{4}$以下。◁【施行令第78条】

※箍筋的间距较密，则可增强与梁的粘着强度。

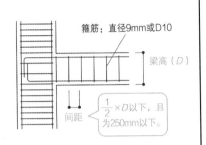

箍筋：直径9mm或D10

梁高（D）

间距

$\frac{1}{2}$×D以下，且为250mm以下。

② 箍筋比（抗剪钢筋比）

箍筋比：1组箍筋截面积与箍筋间距乘积梁宽面积的比值

$$\text{箍筋比} = \frac{a}{bx} \geq 0.2\%$$

a：1组箍筋截面积（2根箍筋的截面积和）
b：梁宽
x：箍筋间距

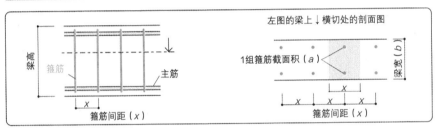

左图的梁上↓横切处的剖面图

1组箍筋截面积（a）

梁宽（b）

箍筋间距（x）

箍筋间距（x）

③ 箍筋的锚定弯钩

箍筋末端的锚定弯钩，应弯折135°以上。

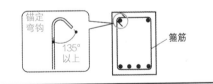

锚定弯钩

135°以上

箍筋

1-4 梁在设计时的注意事项

◎在梁上设贯通孔（管道贯通的孔洞）时，应避免设在接近柱的部位。

× 　　　　　　　　　○

柱与梁的接合处，由于负担作用力较大，容易产生龟裂等的缺陷问题。

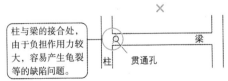

梁
贯通孔

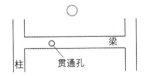

梁
贯通孔

a. 接近柱的部位　　　　b. 梁中央处附近

◎在跨度较大的梁和悬臂梁，应当考量因弯曲而产生的龟裂和徐变。

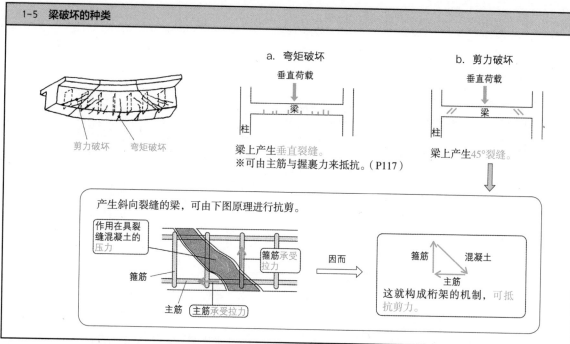

a. 弯矩破坏

垂直荷载

梁上产生垂直裂缝。
※可由主筋与握裹力来抵抗。（P117）

b. 剪力破坏

垂直荷载

梁上产生45°裂缝。

产生斜向裂缝的梁，可由下图原理进行抗剪。

作用在具裂缝混凝土的压力

箍筋承受拉力

箍筋

主筋

主筋承受拉力

因而

箍筋　混凝土

主筋

这就构成桁架的机制，可抵抗剪力。

平衡钢筋比：受压侧与受拉侧同时达到容许应力强度时的抗拉钢筋比。

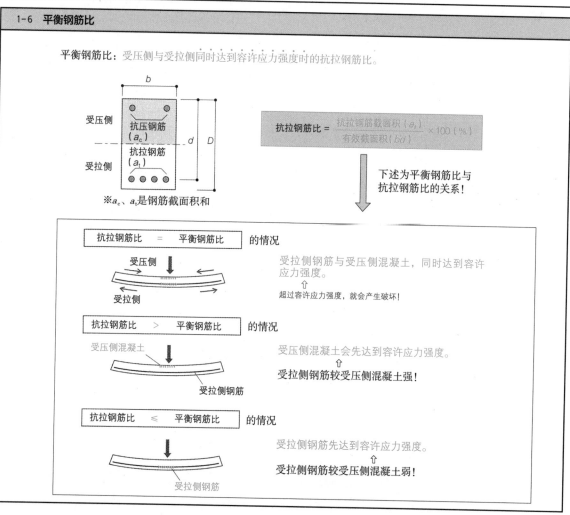

受压侧

抗压钢筋（a_c）

抗拉钢筋（a_t）

受拉侧

※a_c、a_t是钢筋截面积和

$$抗拉钢筋比 = \frac{抗拉钢筋截面积（a_t）}{有效截面积（bd）} \times 100（\%）$$

下述为平衡钢筋比与抗拉钢筋比的关系！

| 抗拉钢筋比 | = | 平衡钢筋比 | 的情况 |

受压侧

受拉侧

受拉侧钢筋与受压侧混凝土，同时达到容许应力强度。
⇧
超过容许应力强度，就会产生破坏！

| 抗拉钢筋比 | > | 平衡钢筋比 | 的情况 |

受压侧混凝土

受拉侧钢筋

受压侧混凝土会先达到容许应力强度。
⇧
受拉侧钢筋较受压侧混凝土强！

| 抗拉钢筋比 | ≤ | 平衡钢筋比 | 的情况 |

受拉侧钢筋

受拉侧钢筋先达到容许应力强度。
⇧
受拉侧钢筋较受压侧混凝土弱！

第4章 钢筋混凝土结构

❸ 钢筋混凝土结构

柱可抵抗垂直荷载与水平荷载

可承受轴向力（压力）、弯矩、剪力

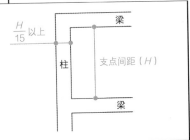

环筋（Hoop）　主筋

梁　柱

2-1 柱结构

① 柱间距

· 柱间距　　　　　　　　　　：约5~7m
· 每根柱所支承的楼地板面积：约30m²

约30m²　5~7m
5~7m
梁
柱

> 约4~5层建筑物的柱截面积，最上层为400~500mm，向下1~2层须增加约50mm。
> 例：层高为4m，跨度为6m时→最上层柱，约500mm×500mm

② 柱最小宽度

使用普通混凝土时：主要为支点间距的$\frac{1}{15}$以上

※使用轻质混凝土时，主要为支点间距的$\frac{1}{10}$以上

$\frac{H}{15}$以上　梁
柱　支点间距（H）
梁

③ 注意事项

· 当有裙墙和顶壁时，柱刚性会增大，产生剪力集中的情况应留意。

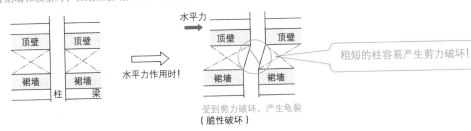

顶壁　顶壁
裙墙　裙墙
柱　梁

水平力作用时！

水平力
顶壁　顶壁
裙墙　裙墙

粗短的柱容易产生剪力破坏！

受到剪力破坏，产生龟裂
（脆性破坏）

· 柱若轴向压力增加，则韧性会减小。

压力
柱　轴向

即粘结强度减少。

⇩

有效地配置环筋（下页）

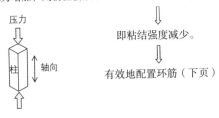

角柱
中柱

· 角柱较中柱在面对地震时所遭受受到的轴向力影响更大。

2-2 主筋

主筋：可抵抗弯矩、轴向力	主筋：D13	主筋应就截面的重心轴、对称配置。 为了抵抗地震力

主筋，应设4根D13（ϕ13mm）以上的异形钢筋。

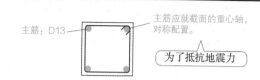

① 主筋的全截面积比

主筋的全截面积比：柱主筋全截面积与混凝土全截面积的比值。

$$主筋的全截面积比 = \frac{a}{bD} \times 100 \geq 0.8\%$$

a：主筋的全截面积（=主筋的截面积×根数）

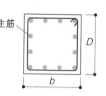

② 主筋间距

必须满足以下条件：

· 25mm以上
· 光面钢筋直径，应为异形钢筋标称名称的1.5倍以上
· 骨料最大粒径的1.25倍以上

为D13（异形钢筋）时
$13 \times 1.5 = 19.5$　由于25mm＞19.5mm，因此钢筋间距为25mm。

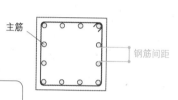

2-3 环筋（Hoop）

环筋功能

· 可防止剪力所形成的裂缝扩大
· 可防止主筋屈曲
· 可防止混凝土鼓胀
· 可确保材料强度与粘结强度（韧性）

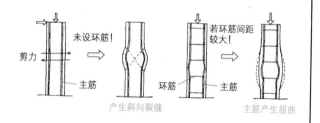

产生斜向裂缝　　　　　主筋产生屈曲

环筋（Hoop）：具有抗剪补强的作用

环筋：直径9mm以上的光面钢筋或D10（ϕ10mm）以上的异形钢筋
※建筑标准法规定，钢筋直径为6mm以上

※环筋并非仅是抑制剪切开裂，还可防止裂缝扩大。

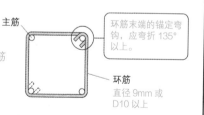

环筋末端的锚定弯钩，应弯折135°以上。

① 环筋种类与抗剪补强的效果

抗剪补强的效果

螺旋筋	＞	环筋

⇑
螺旋筋较环筋具有更强的粘结强度！

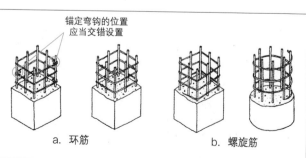

锚定弯钩的位置应当交错设置

a. 环筋　　　　　b. 螺旋筋

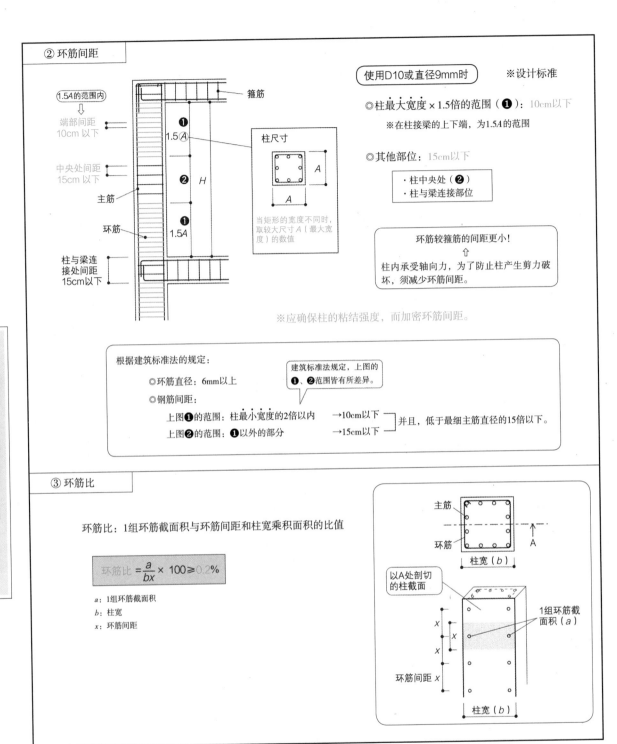

② 环筋间距

（1.5A的范围内）
↓
端部间距
10cm 以下

中央处间距
15cm 以下

主筋

环筋

柱与梁连接处间距
15cm以下

箍筋

❶
1.5Ⓐ

❷ H

❶
1.5A

柱尺寸

Ⓐ

A

当矩形的宽度不同时，取较大尺寸 A（最大宽度）的数值

使用D10或直径9mm时 ※设计标准

◎柱最大宽度×1.5倍的范围（❶）：10cm以下

※在柱接梁的上下端，为1.5A的范围

◎其他部位：15cm以下

· 柱中央处（❷）
· 柱与梁连接部位

环筋较箍筋的间距更小！
⇑
柱内承受轴向力，为了防止柱产生剪力破坏，须减少环筋间距。

※应确保柱的粘结强度，而加密环筋间距。

根据建筑标准法的规定：

◎环筋直径：6mm以上

◎钢筋间距：

建筑标准法规定，上图的❶、❷范围皆有所差异。

上图❶的范围：柱最小宽度的2倍以内 →10cm以下
上图❷的范围：❶以外的部分 →15cm以下

并且，低于最细主筋直径的15倍以下。

③ 环筋比

环筋比：1组环筋截面积与环筋间距和柱宽乘积面积的比值

$$环筋比 = \frac{a}{bx} \times 100 \geq 0.2\%$$

a：1组环筋截面积
b：柱宽
x：环筋间距

主筋

环筋

A

柱宽（b）

以A处剖切的柱截面

1组环筋截面积（a）

x
x
x

环筋间距 x

柱宽（b）

3 楼板

楼板的功能

·将楼板荷载传达到柱和梁。
　　　　　　　　　　　　等

楼板所需的刚性

·不产生振动的刚性
·在垂直方向不产生弯曲的刚性
·可将地震等的水平力，分配到柱、梁、剪力墙的刚性
　　　　　　　　　　　　　　　　　等

⇩ 因此

所需的刚性较大

⇩

计算构材所产生的作用力

当建筑物受到水平力作用时，楼板会产生变形，
要以位移所形成的形态来计算。

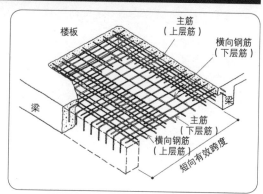

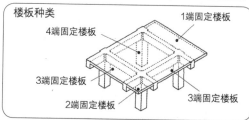

楼板种类

4端固定楼板　　1端固定楼板
3端固定楼板
3端固定楼板
2端固定楼板

3-1　楼板构造

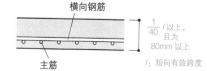

横向钢筋

$\frac{1}{40}l$以上，
且为
80mm以上

主筋

l：短向有效跨度

楼板厚度：短向有效跨度的$\frac{1}{40}$以上，且为80mm以上
⇧
（参照下项的①）　　　　　　　【令第77条之2】

※一般约为120~200mm（考虑隔声时须200mm以上）

3-2　主筋、横向钢筋

主筋：短向抗拉钢筋

横向钢筋：长向抗拉钢筋

※主筋设在外侧时，应当紧密设置。

※主筋、横向钢筋：

　　直径9mm以上的光面钢筋，或D10以上的异形钢筋

短向剖面图　　　　横向钢筋
　　　　　　　　　主筋（外侧）

长向剖面图　　　　主筋（外侧）
　　　　　　　　　横向钢筋

①楼板的钢筋间距

使用D10以上异形钢筋时的钢筋间距

	普通混凝土	轻质混凝土
主筋（短向）	200mm 以下	200mm 以下
横向钢筋（长向）	300mm 以下，且为板厚的3倍以下	250mm 以下

※此间距值以设在中央处为主，固定端部的配筋在这数值以下。

主筋　　横向钢筋　　柱

横向钢筋间距

短向有效跨度

主筋间距　　梁

长向有效跨度

②钢筋比

钢筋全截面积与混凝土全截面积的比值≥0.2%

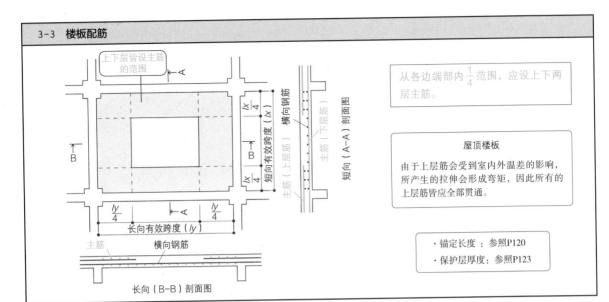

从各边端部内 $\frac{1}{4}$ 范围，应设上下两层主筋。

屋顶楼板

由于上层筋会受到室内外温差的影响，所产生的拉伸会形成弯矩，因此所有的上层筋皆应全部贯通。

· 锚定长度：参照P120
· 保护层厚度：参照P123

长向（B-B）剖面图

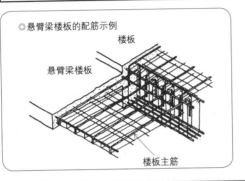

◎悬臂梁楼板的配筋示例

楼板
悬臂梁楼板
楼板主筋

◎楼板开口补强

在楼板开口周边，由于容易产生混凝土裂缝，因此应在开口周边设置竖筋、横筋、斜筋等的补强筋。

开口
补强钢筋

4 剪力墙

剪力墙：被柱与梁所围合的墙，可承载地震力等水平力

⇓

抵抗剪力

设计时的注意事项

◎剪力墙在平面设置应当纵横双向均衡配置。

可抑制地震时所产生的扭曲振动！

◎剪力墙基本上应设在上下层相同的位置。

设剪力墙时，在它的下层相同位置处必须得设置！

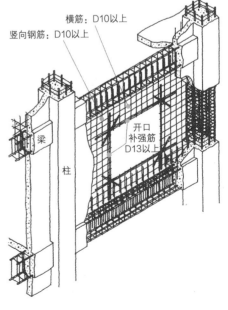

横筋：D10以上
竖向钢筋：D10以上
梁
柱
开口
补强筋
D13以上

4-1 剪力墙构造

剪力墙厚

· 120mm以上
  且
· 墙内净尺寸高度的 $\frac{1}{30}$ 以上

※一般设置，须设150~210mm。

※建筑标准法规定，为120mm以上。

梁
开口
剪力墙
柱
梁
内净尺寸高度

第4章 钢筋混凝土结构 **3** 钢筋混凝土结构

4-2 剪力墙的种类与配筋

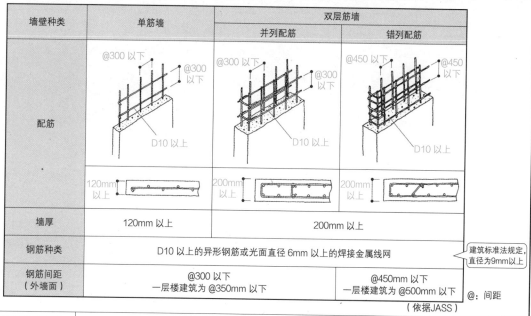

墙壁种类	单筋墙	双层筋墙	
		并列配筋	错列配筋
配筋	@300 以下 @300 以下 D10 以上	@300 以下 @300 以下 D10 以上	@450 以下 @450 以下 D10 以上
	120mm 以上	200mm 以上	200mm 以上
墙厚	120mm 以上	200mm 以上	
钢筋种类	D10 以上的异形钢筋或光面直径 6mm 以上的焊接金属线网		
钢筋间距（外墙面）	@300 以下 一层楼建筑为 @350mm 以下		@450mm 以下 一层楼建筑为 @500mm 以下

建筑标准法规定，直径为9mm以上

@：间距

（依据JASS）

① 抗剪补强钢筋比

抗剪补强钢筋比：单根钢筋的截面积（复筋墙时为1组）与钢筋间距和墙厚乘积面积的比值

$$抗剪补强钢筋比 = \frac{a}{bx} \times 100 \geq 0.25\%$$

a：钢筋截面积和　　b：墙厚　　x：钢筋间距

※所对应的直交各方向，各为0.25%以上。

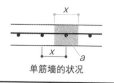

单筋墙的状况

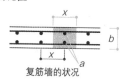

复筋墙的状况

4-3 开口补强

开口周边应使用D13以上，且与墙筋相同直径以上的异形钢筋进行补强。

※建筑标准法规定，直径为12mm以上

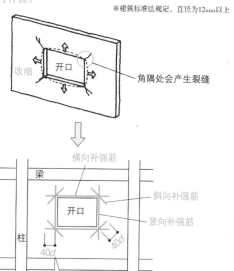

收缩

开口

角隅处会产生裂缝

横向补强筋

梁

开口

斜向补强筋

竖向补强筋

柱

40d

40d

d：钢筋直径

其他配筋示例

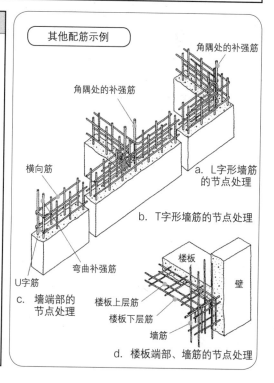

角隅处的补强筋

角隅处的补强筋

横向筋

a. L字形墙筋的节点处理

b. T字形墙筋的节点处理

U字筋

弯曲补强筋

c. 墙端部的节点处理

楼板

壁

楼板上层筋

楼板下层筋

墙筋

d. 楼板端部、墙筋的节点处理

楼梯

1-1 楼梯的种类与构造

① 斜板式楼梯

楼梯板以两侧支撑梁支承。

一般适用于水平长度约为4m的楼梯。

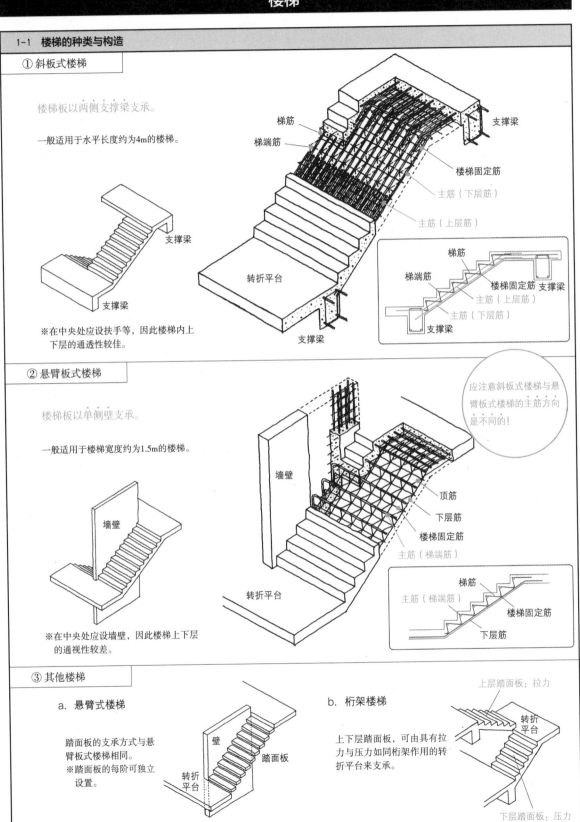

※在中央处应设扶手等，因此楼梯内上下层的通透性较佳。

② 悬臂板式楼梯

楼梯板以单侧壁支承。

一般适用于楼梯宽度约为1.5m的楼梯。

※在中央处应设墙壁，因此楼梯上下层的通视性较差。

应注意斜板式楼梯与悬臂板式楼梯的主筋方向是不同的！

③ 其他楼梯

a. 悬臂式楼梯

踏面板的支承方式与悬臂板式楼梯相同。
※踏面板的每阶可独立设置。

b. 桁架楼梯

上下层踏面板，可由具有拉力与压力如同桁架作用的转折平台来支承。

4 壁式钢筋混凝土结构

壁式钢筋混凝土结构，主要有两种施工方式。

- 现场浇筑施工的"壁式钢筋混凝土结构"
- 在工厂制作成型混凝土板材、现场组装的"壁式预制钢筋混凝土结构"。

壁式钢筋混凝土结构

1 特征

壁式结构，无柱和梁等，而是将混凝土墙与楼板整体化施工，支承建筑物上悬挂作用力的结构。

壁式结构多用于住宅建筑等！

⬇ 原因理由

- 壁式结构，不能够设在较大面积的空间。
- 由于无柱和梁，使得空间可有效使用。
- 抗震性、耐火性能优越。

◎壁式结构不适用的建筑

- 平面为矩形与明显异形的建筑
- 活荷载较住宅为重的建筑

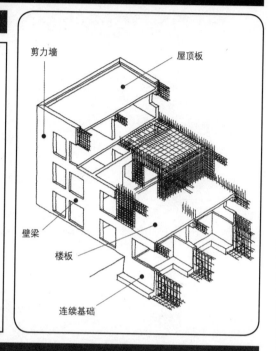

剪力墙　屋顶板　壁梁　楼板　连续基础

2 规模与材料

规模

壁式结构与刚架结构不同，规模受到限制。

建筑标准法规定：
- 楼层数：地上5层以下
- 檐高：20m以下
- 层高：3.5m以下

斜屋顶时
3.5m以下

壁式钢筋混凝土结构的设计标准：
- 楼层数：地上5层以下
- 檐高：16m以下
- 层高：3m以下

※顶层层高，应在3.3m以下。

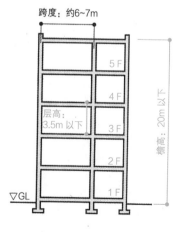

跨度：约6~7m
5F / 4F / 3F / 2F / 1F
层高：3.5m以下
檐高：20m以下
▽GL

材料

主要结构部位的混凝土设计标准强度：18 N/mm² 以上

135

3-1　剪力墙

设置　剪力墙在平面、立面上，均须均衡地设置。

除地下3层以上的建筑物外，上下层剪力墙基本应设在相同的位置。

---

① 剪力墙的有效长度

剪力墙：有效长度为45cm以上，且大于在相同有效长度部位的计算高度30%以上者，称为剪力墙。

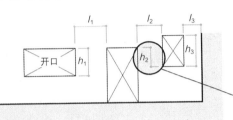

l_1：≥ 45 cm，且 $0.3\,h_1$

l_2：≥ 45 cm，且 $0.3\,h_2$

l_3：≥ 45 cm，且 $0.3\,h_3$

未能满足左列条件的墙，不能视作剪力墙！

以两侧开口部重叠部分，作为计算高度

---

② 剪力墙的墙壁量

墙壁量：剪力墙长度与其楼层楼地板面积的比值

※须对应开间方向、进深方向来求解。

$$开间方向墙壁量（cm/m^2）:=\dfrac{开间方向的剪力墙长度总和（cm）}{所在楼层的楼地板面积（m^2）}$$

$$进深方向墙壁量（cm/m^2）:=\dfrac{进深方向的剪力墙长度总和（cm）}{所在楼层的楼地板面积（m^2）}$$

左式所计算的数值，应满足下述数值以上。

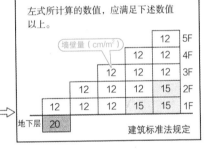

墙壁量（cm/m²）

			12	5F
		12	12	4F
	12	12	12	3F
12	12	12	15	2F
12	12	12	15	15	1F

地下层 20　　建筑标准法规定

---

③ 剪力墙的墙厚

墙厚：各层剪力墙厚度，应满足下图的数值以上

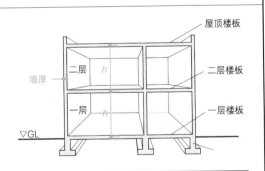

屋顶楼板

二层楼板

一层楼板

墙厚　二层　h

一层　h

▽GL

壁式混凝土结构设计标准

❶：12 cm 且 $\dfrac{h}{25}$ cm

❷：15 cm 且 $\dfrac{h}{22}$ cm

❸：18 cm 且 $\dfrac{h}{22}$ cm

❹：18 cm 且 $\dfrac{h}{18}$ cm

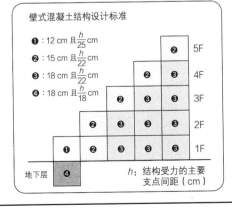

				❷	5F
			❷	❸	4F
		❷	❸	❸	3F
	❷	❸	❸	❸	2F
❶	❷	❸	❸	❸	1F

地下层 ❹　　h：结构受力的主要支点间距（cm）

建筑标准法规定

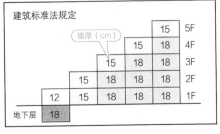

墙厚（cm）

				15	5F
			15	18	4F
		15	18	18	3F
	15	18	18	18	2F
12	15	18	18	18	1F

地下层 18

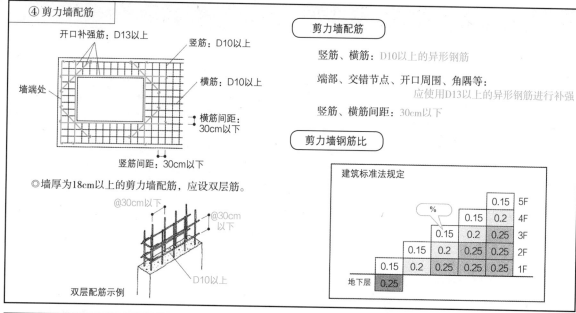

④ 剪力墙配筋

开口补强筋：D13以上
竖筋：D10以上
横筋：D10以上
墙端处
横筋间距：30cm以下
竖筋间距：30cm以下

◎墙厚为18cm以上的剪力墙配筋，应设双层筋。

@30cm以下
@30cm以下
D10以上
双层配筋示例

剪力墙配筋

竖筋、横筋：D10以上的异形钢筋

端部、交错节点、开口周围、角隅等：
应使用D13以上的异形钢筋进行补强

竖筋、横筋间距：30cm以下

剪力墙钢筋比

建筑标准法规定

					0.15	5F
				0.15	0.2	4F
			0.15	0.2	0.25	3F
		0.15	0.2	0.25	0.25	2F
	0.15	0.2	0.25	0.25	0.25	1F
地下层	0.25					

（表中标注 % ）

3-2 壁梁

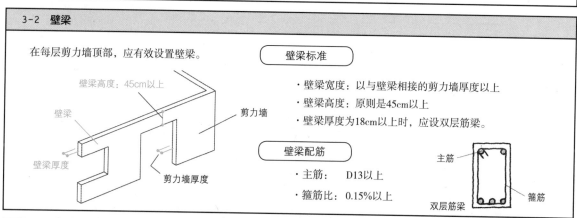

在每层剪力墙顶部，应有效设置壁梁。

壁梁高度：45cm以上
壁梁
壁梁厚度
剪力墙
剪力墙厚度

壁梁标准

· 壁梁宽度：以与壁梁相接的剪力墙厚度以上
· 壁梁高度：原则是45cm以上
· 壁梁厚度为18cm以上时，应设双层筋梁。

壁梁配筋

· 主筋：D13以上
· 箍筋比：0.15%以上

主筋
箍筋
双层筋梁

3-3 楼板

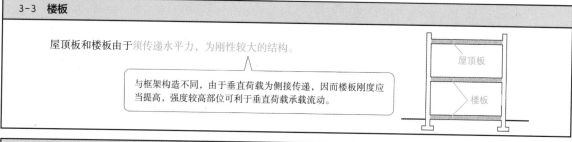

屋顶板和楼板由于须传递水平力，为刚性较大的结构。

与框架构造不同，由于垂直荷载为侧接传递，因而楼板刚度应当提高，强度较高部位可利于垂直荷载承载流动。

屋顶板
楼板

3-4 基础

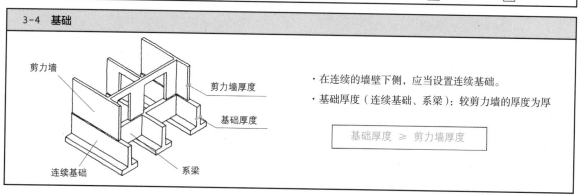

剪力墙
剪力墙厚度
基础厚度
连续基础
系梁

· 在连续的墙壁下侧，应当设置连续基础。
· 基础厚度（连续基础、系梁）：较剪力墙的厚度为厚

基础厚度 ≥ 剪力墙厚度

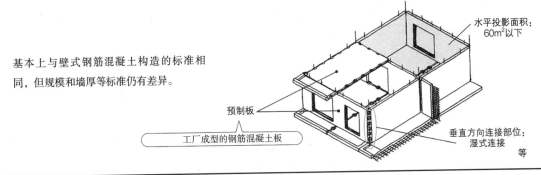

基本上与壁式钢筋混凝土构造的标准相同，但规模和墙厚等标准仍有差异。

- 水平投影面积：60m²以下
- 预制板
  - 工厂成型的钢筋混凝土板
- 垂直方向连接部位：湿式连接 等

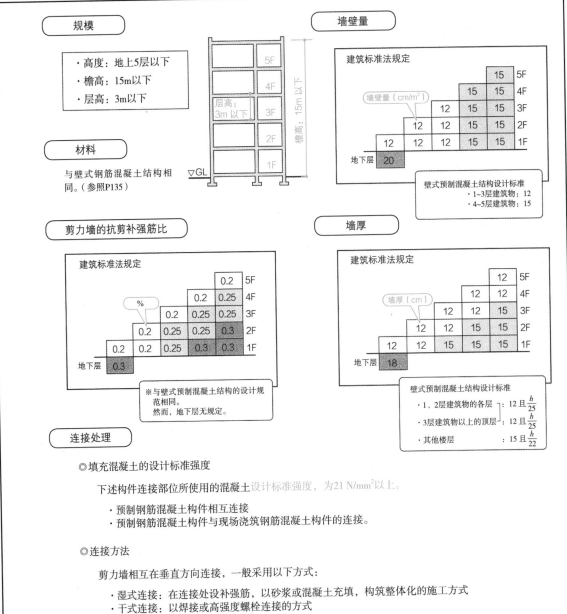

规模

- 高度：地上5层以下
- 檐高：15m以下
- 层高：3m以下

材料

与壁式钢筋混凝土结构相同。（参照P135）

墙壁量

建筑标准法规定

墙壁量（cm/m²）

					15	5F
				15	15	4F
			12	15	15	3F
		12	12	15	15	2F
	12	12	12	15	15	1F
地下层 20					

壁式预制混凝土结构设计标准
- 1~3层建筑物：12
- 4~5层建筑物：15

剪力墙的抗剪补强筋比

建筑标准法规定

%

			0.2	5F
		0.2	0.25	4F
	0.2	0.25	0.25	3F
0.2	0.25	0.25	0.3	2F
0.2	0.2	0.25	0.3	0.3	1F
地下层 0.3				

※与壁式预制混凝土结构的设计规范相同。
然而，地下层无规定。

墙厚

建筑标准法规定

墙厚（cm）

					12	5F
				12	12	4F
			12	12	15	3F
		12	12	15	15	2F
	12	12	15	15	15	1F
地下层 18					

壁式预制混凝土结构设计标准
- 1、2层建筑物的各层：12 且 $\frac{h}{25}$
- 3层建筑物以上的顶层：12 且 $\frac{h}{25}$
- 其他楼层：15 且 $\frac{h}{22}$

连接处理

◎填充混凝土的设计标准强度

下述构件连接部位所使用的混凝土设计标准强度，为21 N/mm²以上。

- 预制钢筋混凝土构件相互连接
- 预制钢筋混凝土构件与现场浇筑钢筋混凝土构件的连接。

◎连接方法

剪力墙相互在垂直方向连接，一般采用以下方式：

- 湿式连接：在连接处设补强筋，以砂浆或混凝土充填，构筑整体化的施工方式
- 干式连接：以焊接或高强度螺栓连接的方式

第5章　其他结构

第5章　其他结构

1 钢结构－钢筋混凝土结构（SRC结构）

1 特征

在钢结构周边配筋，并在外侧组装模板，浇筑混凝土进行加固的结构。

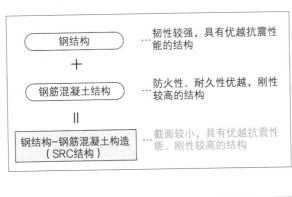

钢结构 …韧性较强，具有优越抗震性能的结构

＋

钢筋混凝土结构 …防火性、耐久性优越，刚性较高的结构

||

钢结构－钢筋混凝土构造（SRC结构） …截面较小，具有优越抗震性能、刚性较高的结构

受拉…钢材（钢结构与钢筋）
受压…混凝土与钢材
个别承受荷载。

※混凝土具有防火包覆功能与防锈效果。

※适用于高层、超高层建筑物。

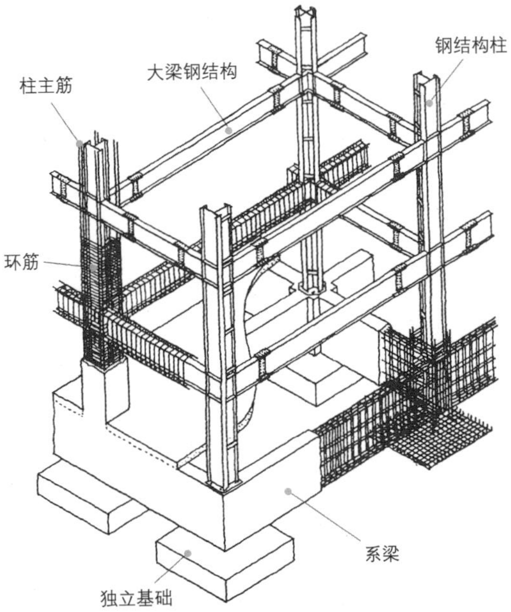
钢结构柱
柱主筋
大梁钢结构
环筋
系梁
独立基础

2 各部位构造

2-1 柱

① 柱的构成

由钢结构柱、主筋、环筋、混凝土所构成。

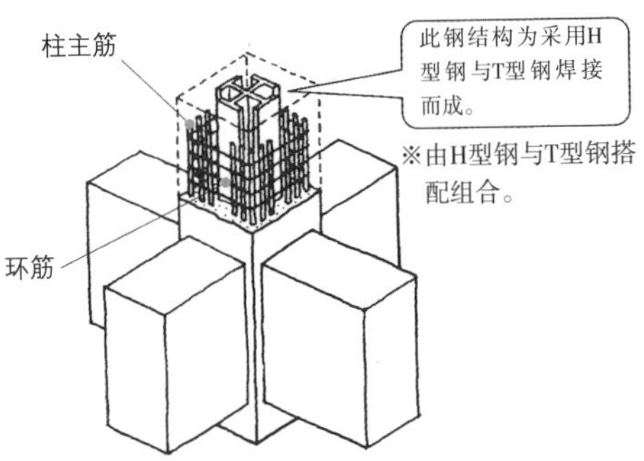
柱主筋
此钢结构为采用H型钢与T型钢焊接而成。
※由H型钢与T型钢搭配组合。
环筋

a. 充腹十字形柱

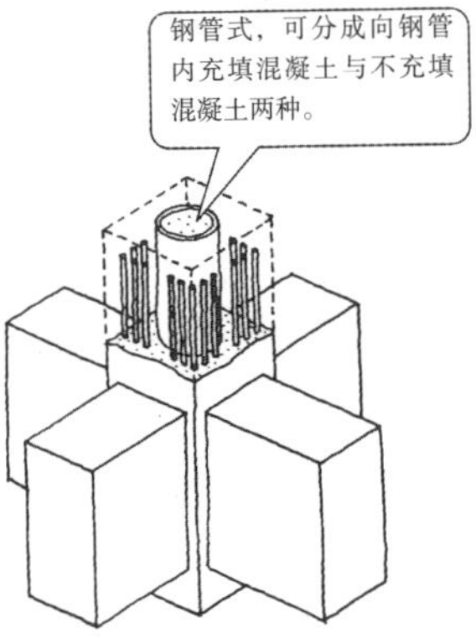
钢管式，可分成向钢管内充填混凝土与不充填混凝土两种。

b. 钢管混凝土柱

充填型钢管混凝土柱（CFT构造）

在钢管内部充填混凝土的结构。

※最近使用较多。

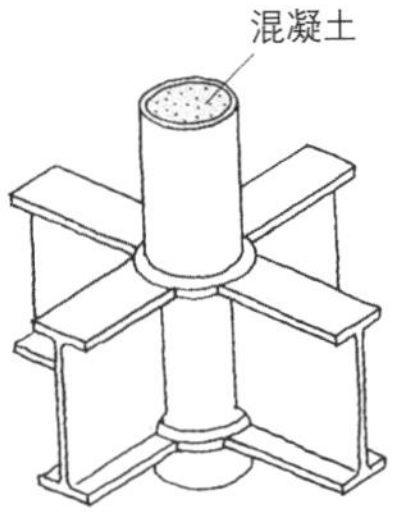
混凝土

② 柱截面构成示例

- 主筋 ：D13（ϕ13mm）以上的异形钢筋
- 环筋 ：直径9mm以上的光面钢筋，或D10（ϕ10mm）以上的异形钢筋
- 钢结构的保护层厚度 ：50mm以上
- 钢筋的保护层厚度 ：参照P123

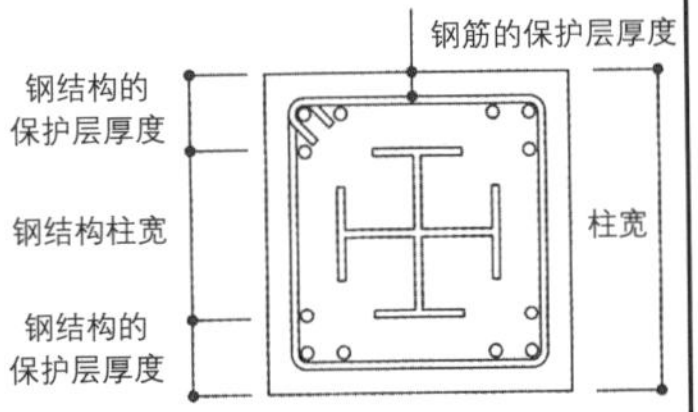
钢筋的保护层厚度
钢结构的保护层厚度
钢结构柱宽
钢结构的保护层厚度
柱宽

2-2 梁

① 梁的构成

由钢结构梁、主筋、箍筋、混凝土所组成。

※由于钢管内充填混凝土较困难，不适用设在梁内。

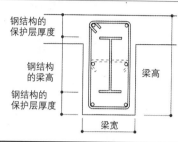

H型钢梁（充填型）

② 梁的截面构成示例

- ·主筋 ：D13以上的异形钢筋
- ·箍筋 ：直径9mm以上的光面钢筋，或D10以上的异形钢筋
- ·钢结构的保护层厚度 ：50mm以上（须考量钢筋的保护层厚度，和直交梁的钢筋细部处理）
- ·钢筋的保护层厚度 ：参照P123

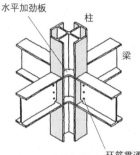

2-3 连接部位

① 钢结构柱与梁的连接型式

应注意加劲板（P97）周边的混凝土周围，可能会产生的缺陷问题。

⇧

多采用改良处理的做法。

a. 柱贯通型式　　b. 梁翼缘贯通型式

② 柱、梁连接部位的钢筋细部

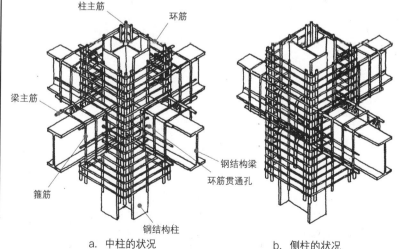

a. 中柱的状况　　b. 侧柱的状况　　c. 角柱的状况

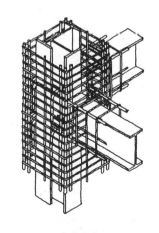

- ·当柱和梁进行对接连接时，钢结构与钢筋的对接接口不能设在相同位置。
- ·由于连接处的刚性连接容易产生复杂的情况，为了利于混凝土充填，最好简化设置。
- ·主筋的配筋应合理设置，可利于进行钢结构焊接作业。

2-4 柱脚

埋置型式可提高强度，因此必须在基础梁底设置钢结构锚定基础。

⇧

不利于工期和经济性

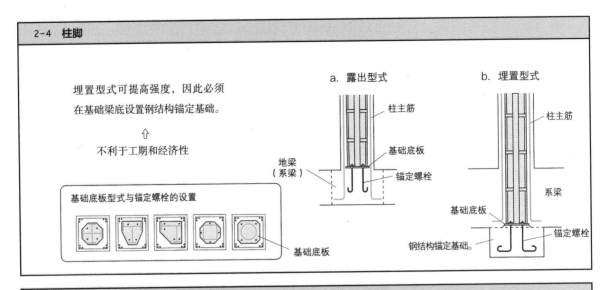

基础底板型式与锚定螺栓的设置

a. 露出型式

b. 埋置型式

2-5 楼板

在钢梁顶侧焊接端板螺栓，与钢筋混凝土楼板一体化设置。

※此外，也适用于钢结构楼板（P102）。

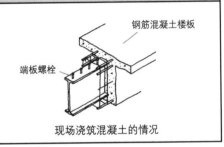

现场浇筑混凝土的情况

2-6 剪力墙

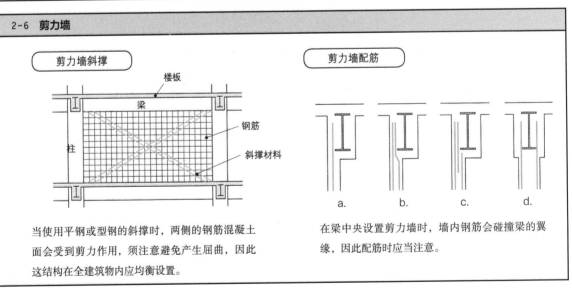

剪力墙斜撑

剪力墙配筋

当使用平钢或型钢的斜撑时，两侧的钢筋混凝土面会受到剪力作用，须注意避免产生屈曲，因此这结构在全建筑物内应均衡设置。

在梁中央设置剪力墙时，墙内钢筋会碰撞梁的翼缘，因此配筋时应当注意。

2-7 钢结构与钢筋间距

钢结构与钢筋间距，可从右表决定。

钢结构与钢筋间距		
主筋与主筋	$1.5d$ 且在 2.5cm 以上	使用骨料最大粒径的 1.25 倍以上
主筋与框架方向的钢	2.5cm 以上	

d：钢筋直径

2 加强混凝土砌块结构

1 特征

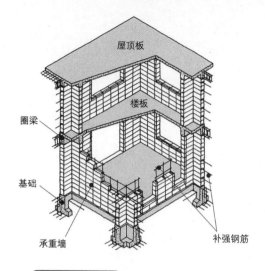

屋顶板

楼板

圈梁

基础

承重墙

补强钢筋

优点

· 耐火性、耐久性佳。
· 相对施工容易。
· 隔热性能优越。

缺点

· 开口部位的尺寸和位置受限。
· 楼板面积受到限制。
· 不适用于隔墙较少的建筑物。

建筑限制 ※关于壁式结构的设计标准

· 各楼层高—3.5m以下
· 檐高—1层楼建筑：4m以下
　　　　2层楼建筑：7.5m以下
　　　　3层楼建筑：11m以下
· 女儿墙高度—1.2m以下
※女儿墙高度不包含在檐高内。

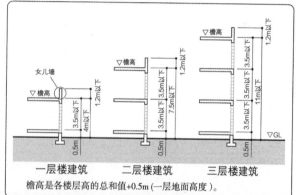

一层楼建筑　　二层楼建筑　　三层楼建筑

檐高是各楼层层高的总和值+0.5m (一层地面高度)。

2 构造用材料

① 砌块强度与使用限制

名称▷	A种	B种	C种
根据抗压强度所区分记号▷	08	12	16
全截面的抗压强度（N/mm²）	4以上	6以上	8以上
层数	2	3	
檐高（m）	7.5	11	

（砌块种类：JIS/标准：设计规范）

· 根据抗压强度差异，可分成"A种"、"B种"、"C种"。
· 根据水密性差异，可分成普通砌块与防水砌块。

② 砌块型式

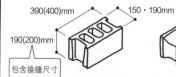

390(400)mm　　150·190mm

190(200)mm

包含接缝尺寸

a. 标准砌块　　b. 横筋砌块　　c. 过梁砌块　　d. 角隅砌块　　e. 端部砌块　　f. T形交叉砌块

143

3-1 承重墙

承重墙设置

- 承重墙在开间、进深向应当均衡设置。
- 外墙角隅处的承重墙，应设为L型或T型。
- 上层承重墙，原则上应设在下层承重墙之上。

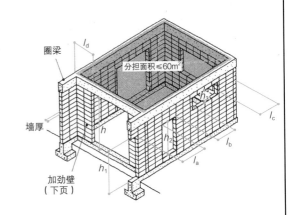

圈梁
分担面积≤60m²
墙厚
加劲壁
（下页）

分担面积限制

分担面积：承重墙心线所围合的水平投影面积

- 与圈梁整体设置的钢筋混凝土楼板
  ⇨ ≤60m²
- 除此之外
  ⇨ ≤45m²

承重墙长度

认定为承重墙的条件

有效长度为55cm以上，且在两侧皆有开口时取两侧开口高度平均值30%以上的长度

（有效高度）

⇨

上图承重墙长度，可记成下列关系式

l_a: 55cm以上，且为 $\left(\dfrac{h_1+h_2}{2}\right)\times 0.3$以上

l_b: 55cm以上，且为 $\left(\dfrac{h_1+h_3}{2}\right)\times 0.3$以上

l_c: 55cm以上，且为$0.3h_3$以上

l_d: $0.3h$以上（加劲壁宽度）

承重墙厚度

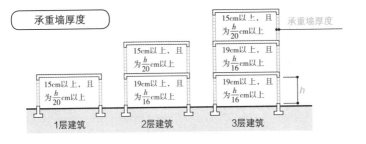

15cm以上，且为$\dfrac{h}{20}$cm以上 ── 承重墙厚度

15cm以上，且为$\dfrac{h}{20}$cm以上

15cm以上，且为$\dfrac{h}{20}$cm以上

19cm以上，且为$\dfrac{h}{16}$cm以上

15cm以上，且为$\dfrac{h}{20}$cm以上

19cm以上，且为$\dfrac{h}{16}$cm以上

19cm以上，且为$\dfrac{h}{16}$cm以上

1层建筑　　2层建筑　　3层建筑

建筑标准法规定

- 15cm以上
  并且
- 能抵挡承重墙水平力支点间距的$\dfrac{1}{50}$以上

承重墙壁量

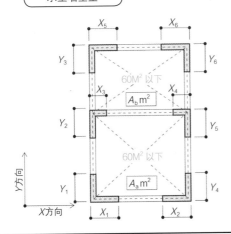

60M² 以下　A_b m²

60M² 以下　A_a m²

Y方向

X方向

$$X方向的墙壁量=\frac{X_1+X_2+X_3+X_4+X_5+X_6}{A_a+A_b}$$

$$Y方向的墙壁量=\frac{Y_1+Y_2+Y_3+Y_4+Y_5+Y_6}{A_a+A_b}$$

决定墙壁量最小值时，可利用上式求解，并选取大于最小值的数值。

墙壁量最小值
（单位：cm/m²）

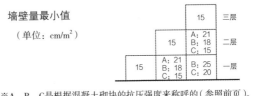

		15	三层
	15	A: 21 B: 18 C: 15	二层
15	A: 21 B: 18 C: 15	B: 25 C: 20	一层

※A、B、C是根据混凝土砌块的抗压强度来称呼的（参照前页）。

第5章　其他结构　**2** 加强混凝土砌块结构

加劲壁：为可抵抗作用在墙壁外侧作用力的墙壁。基于安全考量，
　　　应与一般墙壁垂直设置。

※加劲壁的种类：加强混凝土砌块构造、钢筋混凝土构造

加劲壁的水平支点间距（加劲壁的中心间距）：

承重墙厚度的40倍以下

※建筑标准法规定，为50倍以下。　◁ 承重墙的厚度，为能抵抗承重墙水平力支点间距的1/50以上。（参照前页）

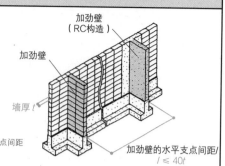

加劲壁
（RC构造）

加劲壁

墙厚 t

加劲壁的水平支点间距/
$l \leq 40t$

3-3　圈梁

在墙壁顶部应连续设置钢筋混凝土结构的圈梁。

⇧

承重墙的补强筋应锚定在圈梁内以抵抗水平力，须与承重墙进行整体考量。

◎圈梁高度（D）

承重墙厚度的1.5倍以上，且为30cm以上。（平房建筑为25cm以上）

◎圈梁宽度（b）

较承重墙厚度为厚

◎圈梁的有效宽度（B）

20cm以上，且为加劲壁水平支点间距的 $\dfrac{1}{20}$ 以上

有效宽度

圈梁高度

宽度

※圈梁设在屋顶板和楼层板上时，应设为整体结构。
※在平房建筑的墙壁顶部，设置钢筋混凝土结构的屋顶板时，可不设圈梁。

a. 长方形截面圈梁

b. 倒L形截面圈梁

3-4　过梁

开口部顶侧应当设置能加强钢筋混凝土结构的过梁。

※圈梁也具有过梁的功能。

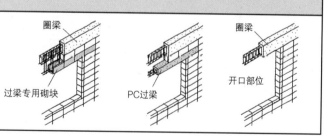

圈梁

圈梁

过梁专用砌块

PC过梁

开口部位

3-5　基础

在承重墙底侧，应连续设置钢筋混凝土结构的连续基础。

◎基础种类

对应地基承载力来选择基础。←参照P150

◎基础竖立部位的宽度　※与系梁相同。

竖立部位宽度应较承重墙厚度为厚。

◎连续基础高度　※与系梁相同。

檐高的 $\dfrac{1}{12}$ 以上，且为600mm以上（平房建筑为450mm以上）

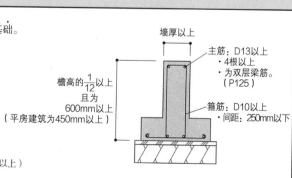

墙厚以上

檐高的 $\dfrac{1}{12}$ 以上
且为
600mm以上
（平房建筑为450mm以上）

主筋：D13以上
· 4根以上
· 为双层梁筋。
（P125）

箍筋：D10以上
· 间距：250mm以下

第5章　其他结构

2 加强混凝土砌块结构

145

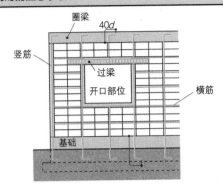

圈梁

40*d*

竖筋

过梁

开口部位

横筋

基础

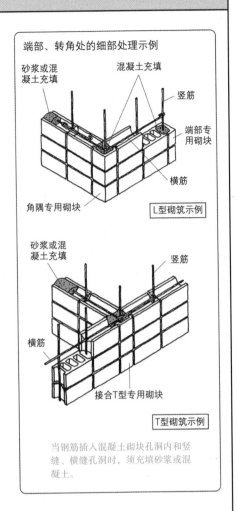

端部、转角处的细部处理示例

砂浆或混凝土充填

混凝土充填

竖筋

端部专用砌块

横筋

角隅专用砌块

L型砌筑示例

砂浆或混凝土充填

竖筋

横筋

接合T型专用砌块

T型砌筑示例

◎承重墙的竖筋、横筋

· 承重墙内，应按纵、横向格状设置钢筋。

· 竖筋、横筋间距和钢筋尺寸由层数来决定。

　※在建筑标准法规定，设置纵横皆为直径9mm的钢筋时，间距应设80cm以内。

· 应将钢筋末端弯折40*d*以上（有锚定弯钩时为30*d*）的弯钩，以锚定基础与圈梁。

d：钢筋直径

◎竖筋的对接搭接

· 竖筋在砌块孔洞内，无须设置重叠对接。
因为，焊接连接在孔洞内可续接作业。

◎承重墙端部和开口周围的补强

· 承重墙端部和开口周围，由于容易产生裂缝，因此须设补强筋进行补强。

当钢筋插入混凝土砌块孔洞内和竖缝、横缝孔洞时，须充填砂浆或混凝土。

钢筋功能
竖筋、横筋 ⇨ 抵抗剪力
抗弯补强筋（角隅、壁端、开口周围） ⇨ 抵抗弯矩

4　围墙构造

【令62条之8】

高度		2.2m 以下
墙厚	高度在 2m 以下	10cm
	高度超过 2m	15cm 以下
支撑墙	间距	承重墙长度的 3.4m 以下处（配置直径 9mm 以上的钢筋）
	宽度	高度的 1/5 以上
基础	高度	35cm 以上
	埋设深度	30cm 以上
钢筋	配设直径 9mm 以上、纵横间距 80cm 以下的钢筋	
	墙顶、基础、角隅处须设直径 9mm 以上的钢筋	

※当竖筋设在砌块孔洞内时，原则上不能采用重叠对接来搭接。
※竖筋与横筋的端部须进行钩状弯折。
（锚定弯钩）

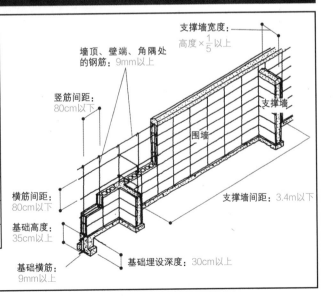

支撑墙宽度：高度×1/5以上

墙顶、壁端、角隅处的钢筋：9mm以上

竖筋间距：80cm以下

支撑墙

围墙

横筋间距：80cm以下

支撑墙间距：3.4m以下

基础高度：35cm以上

基础横筋：9mm以上

基础埋设深度：30cm以上

3 预应力钢筋混凝土结构

1 特征

结构的主要部分为使用预应力的钢筋混凝土结构。

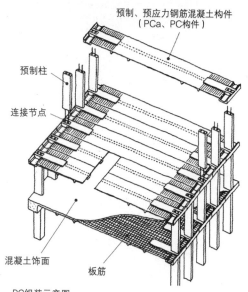

预制、预应力钢筋混凝土构件
（PCa、PC构件）

预制柱

连接节点

混凝土饰面

板筋

PC组装示意图
（琦玉县立大学/设计：山本理显设计工厂，
图片来源：预应力混凝土建设业协会的HP）

预应力钢筋混凝土（PC）

混凝土的抗压能力较强、抗拉能力较弱！

承受拉力的混凝土可能会产生裂缝。

在混凝土内预先施加压力，当受到荷载时可与混凝土所承受的拉力抵消。

施工法分类

· 现场灌筑—体式工法

· 预制组装工法（右图）

优点

· 使用预加压力的混凝土，不会产生裂缝。

· 使用高质量的高强度混凝土，构件可变得轻巧，使得建筑轻量化。

· 可满足大跨度需求，可设在门厅等大空间。

· 可进行预制化（P118），大幅度缩短工期。

· 由具有专业知识的技术者施工管理。

缺点

· 钢材虽可发挥较大的作用，但必须注意腐蚀问题。

· 虽然构件可轻巧设置、材料可减量使用，但单价却会增加。

· 施工管理的需求较高。

2 预应力钢索的种类

	PC 钢索 （JIS G3536）	PC 钢索（JIS G3536）			PC 钢棒 （JIS G3109）	套管成束 PC 钢索
		2 股、3 股	7 股	19 股		
截面	○ ※ 也有异形钢索				※ 也有异形钢棒	PC 钢索 钢索套管 PC 底涂（充填剂） PC 钢棒
尺寸 （mm）	5~9	2.9×2 股 2.9×3 股	9.3~15.2	17.8~21.8	7.4~32	
强度 （kg/mm²）	145~175	195	175~190	185~190	90~145	
形状						

（出处：日本建筑学会《构造用教材》）

第5章 其他结构

3 预应力钢筋混凝土结构

① 先张法

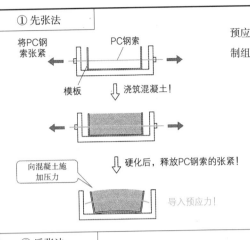

将PC钢索张紧

PC钢索

模板

⇩ 浇筑混凝土！

⇩ 硬化后，释放PC钢索的张紧！

向混凝土施加压力

导入预应力！

预应力钢筋混凝土制品（预制构件）主要为工厂制作，现场组装（预制组装工法）。

> **先张法构件的制作过程**
>
> 在浇筑混凝土前，先将钢材（PC钢索）张紧
>
> ⇩
>
> 浇筑混凝土
>
> ⇩
>
> 待混凝土硬化后，释放被张紧的钢材
>
> ⇩
>
> 通过混凝土与PC钢索间的附着力产生预应力

② 后张法

PC钢索

模板

⇩ 浇筑混凝土！

硬化

硬化后，张紧PC钢索！

向混凝土施加压力

导入预应力！

可适用于现场施工（现场灌筑整体式工法）

> **后张法构件的制作过程**
>
> 浇筑混凝土
>
> ⇩
>
> 待混凝土硬化后，用张拉千斤顶张紧PC钢索，并将两端以固定端具固定
>
> ⇩
>
> 产生预应力

4　预制制品

运用先张法所造的预制制品，可参见右图。

·常见构件：双T板

·常用在大跨度场合：单T板

·常用在屋顶场合：曲面板

※除此之外，也可制作符合建筑物形状的各种制品。

名称	双T版（JIS A 5412-1964）	单T板	曲面板	空心预制混凝土板（JIS A 6511-1976）
形状				
宽度（cm）	120~240	120~240	250	60~100
长度（m）	5~13	10~25	10~24	3~8
厚度（高度）（m）	20~50	50~120	65、70、74	70~30
名称	槽形板	踏步板	帷幕墙板	大梁
形状				
宽度（cm）	120~240	90~100	90~100	60~100
长度（m）	5~20	5~10	1.2~8	6~24
厚度（高度）（m）	30~80	30~50	10~30	30~150

（出处：日本建筑学会《构造用教材》）

第5章　其他结构

3 预应力钢筋混凝土结构

第6章 基础

1 基础

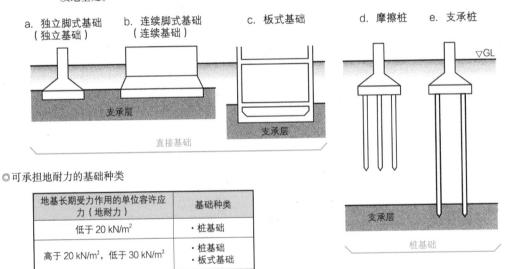

① 设置基础的重点

- 基础应有良好的地基支承。
- 面对荷载和外力，能充分地承载。
- 应减少产生沉降和不均匀沉降。
- 不同型式的基础，不可混用。

连续基础　桩基础
良好地基

然而，在相同支承层可使用不同的结构。

② 基础种类

- 直接基础：适用于小型建筑物、地基良好的场合。
- 桩 基 础：当建筑物自重较大、上层地基支撑力无法支承时，可根据地质调查的结果，将桩基础延伸到硬质地基处。

a. 独立脚式基础（独立基础）　b. 连续脚式基础（连续基础）　c. 板式基础　d. 摩擦桩　e. 支承桩

支承层　支承层

直接基础

▽GL

支承层

桩基础

◎ 可承担地耐力的基础种类

地基长期受力作用的单位容许应力（地耐力）	基础种类
低于 20 kN/m²	· 桩基础
高于 20 kN/m²，低于 30 kN/m²	· 桩基础 · 板式基础
高于 30 kN/m²	· 桩基础 · 板式基础 · 连续基础

【平成12年建告1347号】

1 直接基础

建筑物荷载通过基础板直接由地基支承的基础型式。

直接基础种类
- 独立脚式基础（独立基础）
- 联合脚式基础
- 连续脚式基础（连续基础）
- 板式基础

设置直接基础的注意事项
- 基础板以基础梁连结。
- 直接基础底面，应深入到不受到下述影响的深度。

  · 因温度和湿度等，会产生土壤的体积变化
  · 被雨水等冲刷

※在严寒地区，基础底面应设在较冻结深度更深处。

① 防止不均匀沉降

不均匀沉降：随着基础地基的沉降，建筑构造物各部位产生不均匀沉降的现象。

◎有效防止不均匀沉降的基础排序

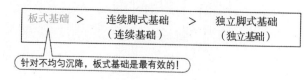

| 板式基础 | > | 连续脚式基础
（连续基础） | > | 独立脚式基础
（独立基础） |

针对不均匀沉降，板式基础是最有效的！

※基础梁的刚性较大，可减少不均匀沉降的影响，是具有效果的。

基础梁
地基

其他沉降的类型

· 瞬时沉降：荷载作用时，短时间内产生沉降的现象。
· 压密沉降：因荷载作用使得地下水分，经历一段时间后被挤压排出，土壤受到压缩而产生地基沉降的现象。

② 保护层厚度

保护基础钢筋的混凝土厚度：6cm以上

（其他厚度，参照P123）

※保护层厚度不含混凝土垫层。

与土壤接触的梁
：4cm以上

连续基础的竖向部位：4cm以上

基础：6cm以上

混凝土垫层

JASS 5（日本建筑学会）中的规定，为下表数值。（其他数值，参照P123）

部位		设计的保护层厚度
与土壤接触的部分	柱、梁、楼板、墙壁、连续基础的地梁部位	50（60）mm
	基础、挡土墙	70（80）mm

（ ）为轻质混凝土的数值

③ 主筋与横向钢筋

主筋设在下侧，横向钢筋设在上侧。

※连续基础的上下关系不变。

主筋方向

◎设在独立基础时（矩形）：主筋设在长向

由于纵向的作用力较大

※为正方形时，X、Y方向须配筋等量。

◎设在连续基础时：主筋设在短向

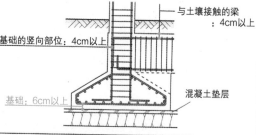

独立基础

主筋
（设在基础长向）

横向钢筋
（设在基础短向）

连续基础

（设在连续基础长向）
横向钢筋

主筋（设在短向）

建筑物整体荷载由基础板全面支承的类型。

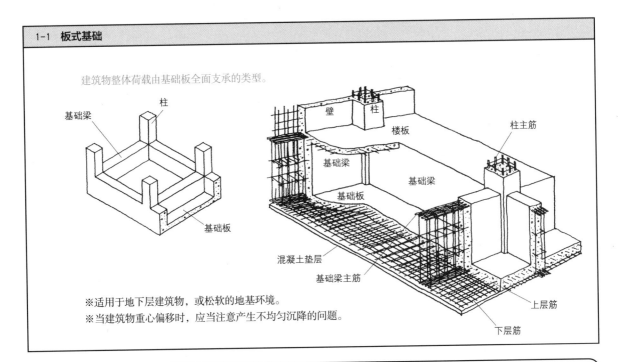

※适用于地下层建筑物，或松软的地基环境。
※当建筑物重心偏移时，应当注意产生不均匀沉降的问题。

地下层外墙

地下层外墙应当注意，由于土压力与永压力的作用影响。

◎土压力
　土壤的单位密度越大者，土压力就会越大。

◎水压力
　若地下水位上升，则作用在地下层外墙的水压力就会增加。
　⇧即地下水位接近地基面！

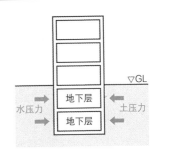

1-2 脚式基础

① 独立脚式基础

每根柱由基础板支承的类型（也称为独立基础）。

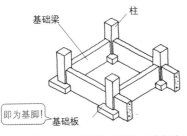

即为基脚！

若柱脚产生沉降或扭转，则会对上部
支承结构产生较大的缺陷影响。
⇩
采用基础梁相互连结。

基础梁，即是"系梁"。
埋入地下的梁，则称为"地梁"。

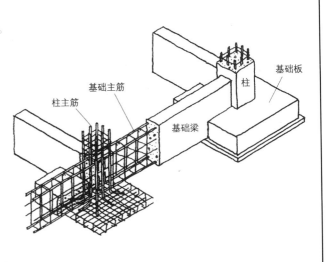

② 联合脚式基础

由一个基础板（基脚）支承2根以上柱的类型。

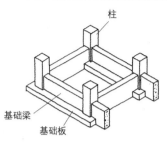

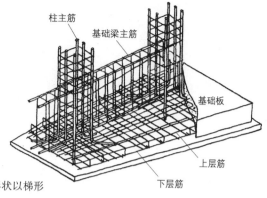

柱主筋
基础梁主筋
基础板
上层筋
下层筋

柱
基础梁
基础板

※当各柱所支承的作用力不同时，基础板的底板面形状以梯形
居多。

※基础板的底面积，应按照底板面能均衡承载荷重的情况来进行规
划，且设计时基础的形心与荷载合力的重心，应尽量设置重合。

③ 连续脚式基础

将连排柱和墙壁的荷载，以连续的基础板（基脚）来支承的类型。

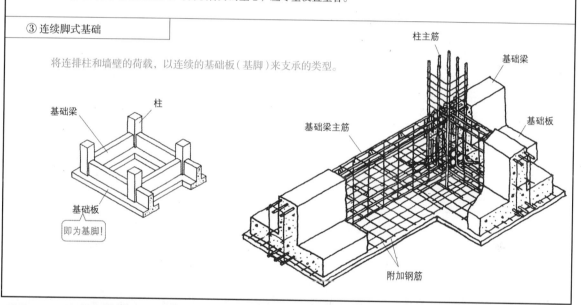

基础梁
柱
基础板
即为基脚！

柱主筋
基础梁
基础梁主筋
基础板
附加钢筋

2 桩基础

桩基础种类

◎支承桩
　　以"桩的端点支承力"+"周边摩擦力"来支承。

◎摩擦桩
　　以"地基"+"周边摩擦力"来支承。

设置桩基础的注意事项

· 在相同的建筑基础内，原则上应避免混用支承桩与摩擦桩。

· 桩基础即使在发生地震的情况下，也能安全地支承上部结构，因
　此要确保与上部结构具有同等以上的抗震性能。

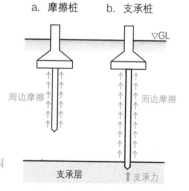

a. 摩擦桩　　b. 支承桩

▽GL
周边摩擦
周边摩擦
支承层
支承力

支承桩与地基的长期容许支承力

◎桩的端点支承力

　·端点的地基容许应力强度
　·端点的有效截面积

◎桩与其周围的地基摩擦力

　·桩的周围长度等

桩上会产生正摩擦力与负摩擦力

若地基产生沉降，在桩周围会产生向下
的力（负摩擦力）。

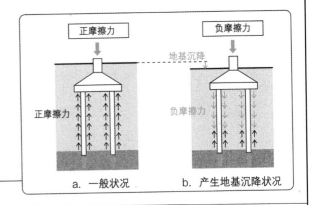

a. 一般状况　　　b. 产生地基沉降状况

① 预垒混凝土桩

在工厂预先制造生产的钢筋混凝土桩。

※每根桩长度：15m以下

预垒桩类型

·中空圆筒形的离心钢筋混凝土桩
·高强度预力混凝土桩等

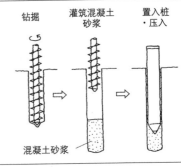

② 场筑混凝土桩

现场制作的桩

先在地基上钻孔，孔内插入钢筋笼后，再灌筑混凝土。

施工法种类

·土钻工法
·套管工法

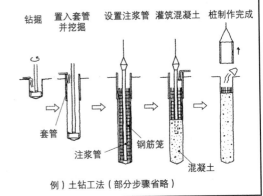

例）土钻工法（部分步骤省略）

③ 钢桩

使用钢管或H型钢的桩

强度较强，但会发生锈蚀。钢管的尺寸为截面必须能容
纳防腐材料的尺寸大小。

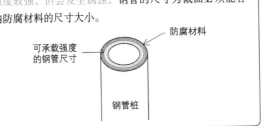

钢管桩

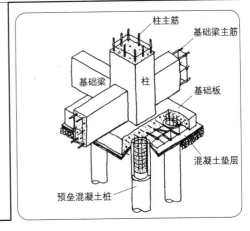

2 地基

① 地层的年代划分

冲积层 （软弱地基）	现代～约1万年前的地层 不能良好地作为建筑物的基础地基
洪积层 （优质地基）	约1万年前～200万年前的地层 比较稳定的支承地层

地层示例

地基表面

表层土
砂层
淤泥层

冲积层
（软弱地基）

黏土层
砾石层

洪积层
（优质地基）

黏土层

② 土壤种类与特性

土壤种类	粒径大小划分		特性
砾石（砂砾） ※ 岩盘碎片	粗砾石：20~75mm 中砾石：5.0~20mm 细砾石：2.0~5.0mm	大	密实物 ⇨ 垂直承力力较强 ⇨ 良好地基 非密实物 ⇨ 不良的成层状况 ⇨ 非良好地基
沙	粗沙：0.42~2.0mm 细沙：0.074~0.42mm		沙在干燥的状态，无黏聚力 密实物 ⇨ 具有相当的地耐力 水分多但非密实物 ⇨ 会产生有危险的砂土液态现象
淤泥	0.005~0.074mm		近似沙粒的球状颗粒。 无黏性程度的黏土。
黏土	0.001~0.005mm 胶体：~0.001mm	小	具有黏聚性，但水难以流通 含水较多的地基 ⇨ 会产生土壤被压缩的压密现象，产生危险

产生地基沉降的原因

③ 地基的长期容许应力强度

地基的长期容许应力强度：岩盘＞密实的砂砾地基＞密实的沙质地基＞黏土地基＞硬质砂黏土层

※地基的短期容许应力强度，是长期容许应力强度的2倍。

含有淤泥与黏土的土层

④ 砂土液化

地基若出现砂土液化，则会产生建筑物倾斜、倒塌等危险。

必须要检核砂土液化的地基条件状况

· 均质砂质 ← 砂质地基较容易产生砂土液化现象！

· 水位较高者

· 地下水面下的深度，从地表GL面下到20m深度的N值为15以下的状况，

砂土液化对建筑物所产生的影响

沙的颗粒会产生相互连结的状态。
由于相互连结，可确保稳定。

发生地震摇晃

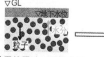

受到地震的震动，颗粒会相互分开。
水会分离浮出，颗粒会下沉。

含有水分的地基，会变得软化。

软化地基无法支承建筑物。

※ 地下的埋设物，会向上浮起。

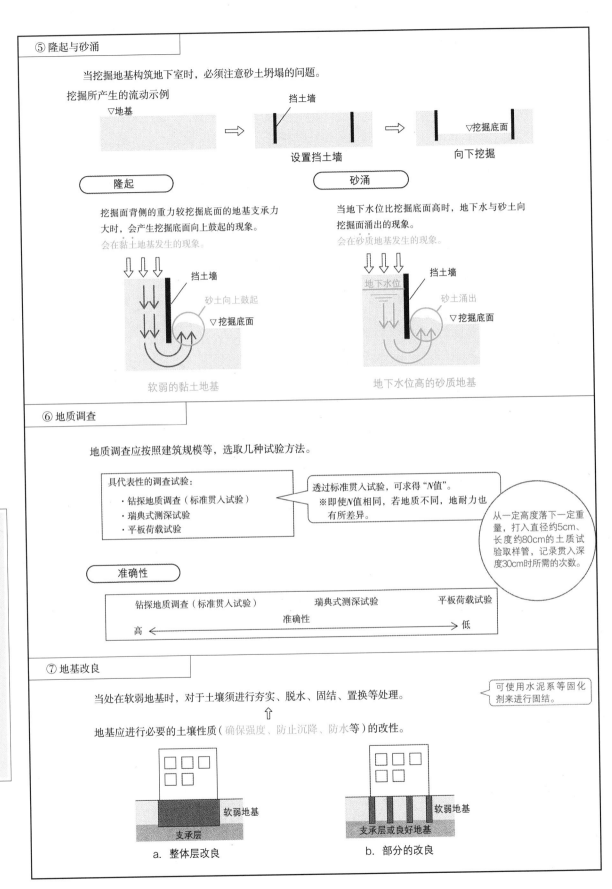

⑤ 隆起与砂涌

当挖掘地基构筑地下室时，必须注意砂土坍塌的问题。

挖掘所产生的流动示例

▽地基

设置挡土墙 挡土墙

向下挖掘 ▽挖掘底面

隆起

挖掘面背侧的重力较挖掘底面的地基支承力大时，会产生挖掘底面向上鼓起的现象。
会在黏土地基发生的现象。

挡土墙
砂土向上鼓起
▽挖掘底面

软弱的黏土地基

砂涌

当地下水位比挖掘底面高时，地下水与砂土向挖掘面涌出的现象。
会在砂质地基发生的现象。

地下水位
挡土墙
砂土涌出
▽挖掘底面

地下水位高的砂质地基

⑥ 地质调查

地质调查应按照建筑规模等，选取几种试验方法。

具代表性的调查试验：
· 钻探地质调查（标准贯入试验）
· 瑞典式测深试验
· 平板荷载试验

透过标准贯入试验，可求得"N值"。
※即使N值相同，若地质不同，地耐力也有所差异。

从一定高度落下一定重量，打入直径约5cm、长度约80cm的土质试验取样管，记录贯入深度30cm时所需的次数。

准确性

| 钻探地质调查（标准贯入试验） | 瑞典式测深试验 | 平板荷载试验 |

准确性
高 ←————————————→ 低

⑦ 地基改良

当处在软弱地基时，对于土壤须进行夯实、脱水、固结、置换等处理。
↑
地基应进行必要的土壤性质（确保强度、防止沉降、防水等）的改性。

可使用水泥系等固化剂来进行固结。

软弱地基
支承层

a. 整体层改良

软弱地基
支承层或良好地基

b. 部分的改良

第7章 基底层与饰面

※插图所选取的均为一般范例。

1 防水

防水部位

建筑物遭受到雨水或其他水分等的渗入，会造成构件腐朽，危及建筑物安全并带来危险。

因此，应当针对右图部位所示，进行防水处理。

应防水的部位：
- 遭受雨水浸淋（积存）处
- 用水房间的地面
- 地下室　　　　　　　等

※干燥收缩会导致裂缝的产生，促使水分从裂缝处渗入
应当在可能发生的部位，预先处理好因应对策。　⇦ 伸缩缝等

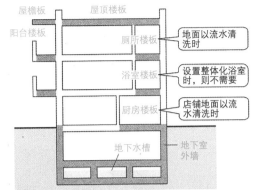

屋檐板　　屋顶楼板
阳台楼板
　　　　　　厕所楼板
　　　　浴室楼板
　　　厨房楼板

地面以流水清洗时
设置整体化浴室时，则不需要
店铺地面以流水清洗时

地下水槽 — 地下室外墙

---

1 防水类型

1-1 屋顶、阳台等楼板防水

① 沥青防水
※适用于屋顶等广阔平坦面的施工。

叠层设置沥青垫毡2～4层的工法（隔绝工法）。

防水层较厚、强度和耐久性较佳，为可靠度较高的防水工法。

裸露饰面：防水层可露出状态的饰面。
保护饰面：防水层可受到保护，可在其表面涂敷混凝土等保护材料。

※防水层上若让人踏上使用，则应当设置保护饰面。

※其他情况，也有使用沥青薄片材料的防水工法（纸毡工法）。

（例）铺设保护饰面的情况

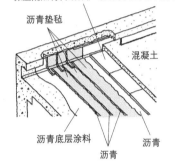

保温隔热材料或保护专用的灰浆薄片材料
沥青垫毡
混凝土
沥青底层涂料　　　沥青
沥青

② 薄片材料防水
※适用于屋顶、室外走廊，阳台等的平坦面的施工。

使用粘着剂将防水薄片材料与基底层接着的工法。

由于仅靠单层薄片材料，因此力求确实施工。

搭接部位种类
- 叠接
- 平接
- 平接（仅为粘接）

固定五金件
薄片材料端部
端部胶带
胶粘剂　　防水薄片材料　　饰面涂层（保护饰面）

※在出入角隅处和薄片材料搭接部位，容易形成防水弱点。

③ 涂膜防水

使用聚氨酯橡胶系防水材料涂膜成形防水层的工法。

针对防水部位所适合的防水材料
屋顶、开放式走廊等：聚氨酯橡胶系防水材料
外墙等：丙烯酸酯橡胶系防水材料
地下室外墙等：橡胶沥青系防水材料　　　等

（例）铺设聚氨酯橡胶系防水材料的情况

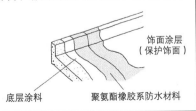

饰面涂层（保护饰面）
底层涂料　　聚氨酯橡胶系防水材料

④ FRP防水（涂膜防水的一种）　　※露台异形部位的防水。

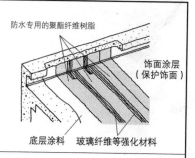

FRP：采用玻璃纤维等强化材料来补强塑胶材料。

· 强度大、质量轻，保温隔热性、耐腐蚀性、耐久性能优越。
· 树脂的硬化速度较快。

> 在1日内可完成整体防水工程。

· 可形成无接缝的强固防水层。　※无缝（Seamless）：表示没有接缝。

⑤ 不锈钢板防水

· 将不锈钢板紧密焊接成形，防水层的水密性和气密性能优越。
· 不锈钢板防水的焊接处，会因地震等原因开裂，也会因酷夏的太阳照射等产生热变形。
　※一般较少使用。

1-2　门窗周边、伸缩缝等的防水

◎ 若门窗周边、外墙或楼板裂缝处渗入雨水，则会导致建筑物
内部结构产生缺陷。

◎ 面对地震摇晃和变形，应避免产生开裂，须具有伸缩性。

> ⬇ 上述所述部位应使用密封硅胶！

> 密封硅胶
> 密封硅胶可顺应地震等的建筑物变形而产生形变。

> 使用密封硅胶处　· 窗框（门窗）周边的接缝
> · 贴砖、贴石的伸缩缝
> · 钢筋混凝土结构的浇筑施工缝
> · ALC板（轻质气泡混凝土板）的接缝　等

> 伸缩缝
> 因应伸缩而预先设置的接缝，可防止伸缩缝外的部分外墙或室外楼板，由于干燥收缩等因素而产生裂缝。

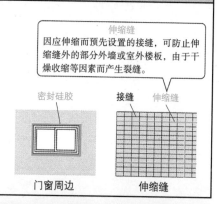

门窗周边　　伸缩缝

2　防水细部处理

2-1　屋顶细部

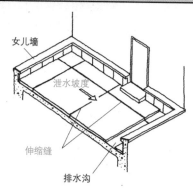

女儿墙
泄水坡度
伸缩缝
排水沟

◎ 设计泄水坡，可迅速让雨水等排出。

由于饰面差异，一般设置 $\frac{1}{50} \sim \frac{1}{100}$ 的泄水坡度。

◎ 当屋顶有人使用时，在保护层上侧还应铺设砂浆和瓷砖饰面等。

保护层和饰面砂浆，每隔2.7～3m应设伸缩缝。

> 女儿墙的细部处理示例

a. 使用板材保护时

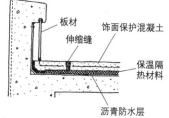

板材
伸缩缝
饰面保护混凝土
保温隔热材料
沥青防水层

b. 使用混凝土保护时

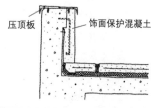

压顶板
饰面保护混凝土

地下室要求能防止地下水渗入。	➡ 所防止的水为作用在地下室地面和墙面的水。	➡ 应当设置能够承受水压的防水层。

※近年来，小型建筑物多使用具有渗透特性的防水剂涂料。

① 外防水

设在结构体外侧的防水层施工方式。

◎特征
· 针对水压有利。
· 可设在构造外表面，但施工后基本上几乎不可能进行修补。

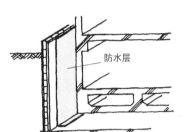

在浇筑结构体的混凝土前，设在外模板上的防水施工方式。

a. 先设工法

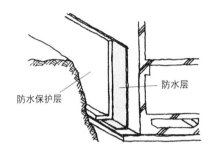

先浇筑结构体混凝土，后在模板外的外壁面设置防水层的施工方式。

b. 后设工法

② 内防水

设在结构内侧的防水层施工方式。

结构内的钢筋或钢结构会引发地下水产生渗漏，因此在建筑内侧所设置的防水方式。

◎特征
· 施工容易、造价低廉，施工后可进行维修。
· 对于水压不利，应设抗水压特性的防水保护层。

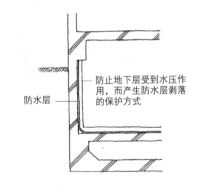

防止地下层受到水压作用，而产生防水层剥落的保护方式

③ 双重墙防水

外墙和基础板设成双层，将渗漏水向双重板的集水坑汇集，再透过水泵抽排水的方式。

◎特征
· 适用于地下室防水。
· 施工容易，即使基底层渗漏也可施工。
· 可有效防止结露。

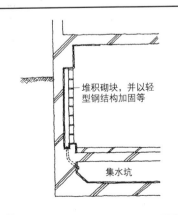

堆积砌块，并以轻型钢结构加固等

集水坑

2　各部位的基底层与饰面

屋顶

1　屋顶类型

双坡顶	半双坡顶	庑殿顶	歇山顶	天窗顶
屋顶俯视图				
挑蓬顶	攒尖顶	单坡顶	不等长双坡顶	单坡披屋顶
锯齿顶	蝴蝶顶	单折线顶	双折线顶	平屋顶

2　屋顶的各部位名称

屋顶的性能要求

具有耐久性、耐水性、防火性、抗风性、耐冲撞性、易施工性、易维护性等要求。

※此外，对于居住需求，也要求具有保温隔热性能、隔声性能等。

屋顶泄水坡度与材料

屋顶饰面（屋面材料）	屋顶泄水坡度
铺瓦屋面（P163）	$\frac{4}{10} \sim \frac{7}{10}$
石板屋面（P163）	$\frac{3}{10} \sim \frac{7}{10}$
金属板屋面（P164）	$\frac{1}{10} \sim 1$
平屋顶（P158～P159） ·沥青防水 ·薄片材防水　等	$\frac{1}{100}$

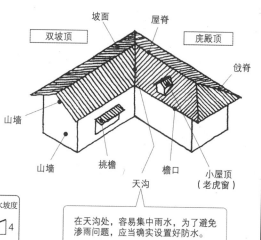

双坡顶　　庑殿顶

坡面　屋脊　戗脊　山墙　挑檐　檐口　小屋顶（老虎窗）　天沟

（例）$\frac{4}{10}$泄水坡度

在天沟处，容易集中雨水，为了避免渗雨问题，应当确实设置好防水。

屋檐周边细部处理的主要构件

◎檐口周边构件

望板：椽子上所铺设的板材。

可支承瓦片等屋顶饰面材料。

檐口板：隐藏椽子端口（椽子端末）

而设的构件。

※可封住椽子端口，有效地防止

椽子腐朽。

椽封檐板：设在椽子端末（檐口）上

侧的构件。

※由于椽子使用较细的材料，

为了避免椽子端末产生弯曲，

可利用此板连结以修整檐口。

檐垫板：设在檐檩上侧，椽和椽之间

的构件。

※防止老鼠和灰尘侵入屋架内部。

◎山墙周边构件

博缝板：设在双坡顶和庑殿顶山墙处的三角形构件。

※设在装饰的场合。可防止檩条的端口弯曲，对于防腐具有效果。

山墙顶垫板：在双坡顶的山墙端末所设的构件。

（例）檐口（双坡顶）的细部示例

※由于庑殿顶的檐口细部为四向设置，因此以双坡顶进行说明。

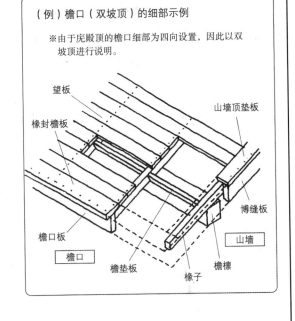

连接五金件

檐口容易受到向上吹拔的风力，椽子和檐檩间应以蝶形五金件或鞍形五金件进行紧固连结。

a. 蝶形五金件

b. 鞍形五金件

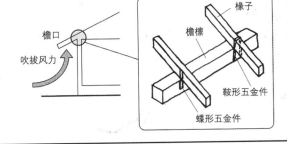

挑檐细部处理（木结构）

柱或间柱的侧面，钉着承力侧板，以支撑挑檐。

外墙与挑檐顶接合处，应将沥青垫毡等屋面材料竖向铺至墙面，以防止雨水渗漏。

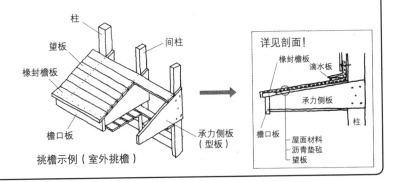

挑檐示例（室外挑檐）

4-1 瓦屋面

瓦屋面特征

- 优越的不可燃性。
- 相较其他材料导热系数较小，保温隔热性优越（瓦片厚度：15～17mm）。 〔传热容易程度〕
- 破损时可部分修补。
- 重量较重，使得建筑物顶部重量增加，对抗震不利。
- 容易受到地震、强风等影响而振落。

瓦片种类

a. 波形挂瓦

b. 脊头瓦

c. 檐头仰瓦

d. 袖形瓦（山墙瓦）

e. 一字形瓦

f. 勾滴筒瓦

g. 筒瓦

h. 脊垫瓦

瓦屋面种类

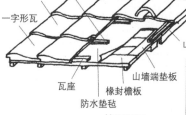

盖脊瓦
脊垫瓦
脊头瓦
勾滴筒瓦
挂瓦条
挂瓦
袖形瓦（山墙瓦）
一字形瓦
山墙挂瓦
瓦座
椽封檐板
山墙端垫板
防水垫毡

a. 挂瓦屋面
（作图参考①）

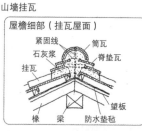

屋檐细部（挂瓦屋面）
紧固线
石灰浆
挂瓦
筒瓦
脊垫瓦
望板
椽　梁　防水垫毡

b. S瓦

c. 西班牙瓦

d. 法国瓦

屋顶瓦的紧固

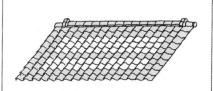

将屋檐和山墙两结构设为1处，屋脊设为1处，以铜线、铁线、钉等紧固系结。

※近年来，应对台风的处理对策，多将每片瓦单片固定。

4-2 板瓦屋面

板瓦屋面特征

- 由于保温隔热性较差，而须装设保温隔热材料。
- 加工容易。
- 防火性能、耐水性能较佳。
- 较普通瓦片为轻，对于抗震有利。
- 重叠部分较多，造成浪费较多。
- 破损时可部分修补。

※从前，生产时多数会掺入石棉。但是现今，根据规定只能生产制作无掺入石棉的产品。

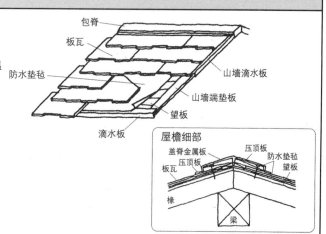

包脊
板瓦
防水垫毡
望板
滴水板
山墙滴水板
山墙端垫板

屋檐细部
盖脊金属板
压顶板
板瓦
压顶板
防水垫毡
望板
椽
梁

金属板屋面特征

・导热系数较大，容易受到热的影响，而须装设保温隔热材。

・加工容易。

・重量较轻，对抗震有利。

・受到温度变化时，伸缩较大。

・由于金属板无渗水性，若施工可靠，则无须担心漏水问题。

金属板种类

・镀锌钢板
・涂饰镀锌钢板（彩色钢板）
・镀铝锌合金钢板（彩钢板）
・涂饰不锈钢板
・铜和铜合金板
・聚氯乙烯覆膜金属板（PVC钢板）

等

金属板屋面类型

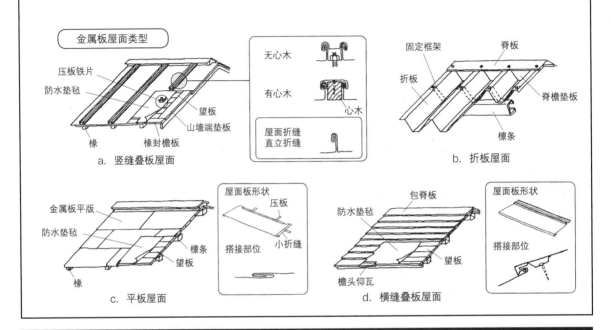

a. 竖缝叠板屋面

b. 折板屋面

c. 平板屋面

d. 横缝叠板屋面

5　檐沟

檐沟名称与设置部位

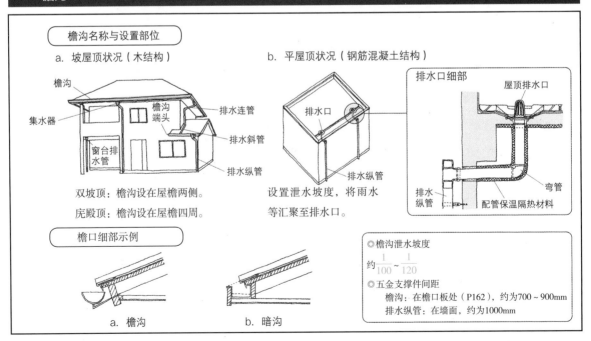

a. 坡屋顶状况（木结构）

b. 平屋顶状况（钢筋混凝土结构）

排水口细部

双坡顶：檐沟设在屋檐两侧。

庑殿顶：檐沟设在屋檐四周。

设置泄水坡度，将雨水等汇聚至排水口。

檐口细部示例

a. 檐沟

b. 暗沟

◎檐沟泄水坡度
约 $\frac{1}{100} \sim \frac{1}{120}$

◎五金支撑件间距
檐沟：在檐口板处（P162），约为700～900mm
排水纵管：在墙面，约为1000mm

墙壁

墙壁的功能与种类

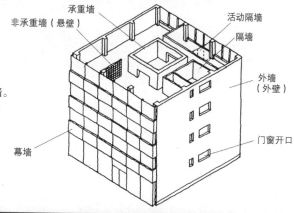

外墙：围绕在外周，区隔内外空间的墙。

隔墙：在建筑物内部，分隔室内空间的墙。

承重墙：为结构的一部分，具有支承建筑物功能的墙。

非承重墙：为无法支承建筑物功能的墙。⇦ 悬壁等

---

1 非承重墙的种类

悬壁：结构的承载由其他构件支承，不负担承载的墙壁。

1-1 幕墙

※也多将幕墙称为悬壁。

在工厂生产时，将外墙与开口框架进行整体化制作生产的墙体材料。⇨ 可节约工程制作作业、缩短工期。

※多用于钢结构、钢筋混凝土结构。

幕墙性能

抗风压性、层间变位顺应性、水密性、气密性、隔声性、保温隔热性　等

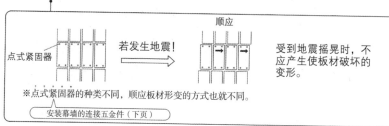

受到地震摇晃时，不应产生使板材破坏的变形。

※点式紧固器的种类不同，顺应板材形变的方式也就不同。

安装幕墙的连接五金件（下页）

幕墙种类

◎金属类幕墙

　　金属类幕墙有下列两种：

　　·金属幕墙：主要是金属板面，仅在开窗部位才装设玻璃的幕墙。

　　·玻璃幕墙：窗以外的部分材料是玻璃，整体墙面皆为玻璃所构成的幕墙。

a. 金属类幕墙

◎预应力混凝土幕墙

　　使用预应力混凝土的墙。

　　※表面饰面材料，可为涂装饰面、瓷砖饰面、石材饰面等。应当预先留设窗框，窗框周边须处理以防止雨水渗漏。

b. 预应力混凝土幕墙

第7章 基底层与饰面　❷各部位的基底层与饰面

165

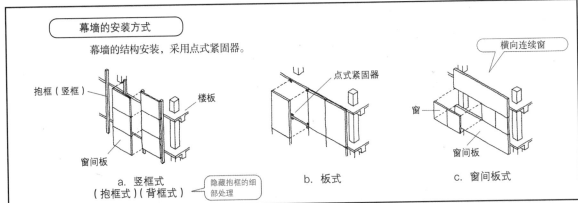

幕墙的安装方式

幕墙的结构安装，采用点式紧固器。

横向连续窗

抱框（竖框）
楼板
窗间板

a. 竖框式
（抱框式）（背框式）

隐藏抱框的细部处理

点式紧固器

b. 板式

窗
窗间板

c. 窗间板式

1-2　ALC 板

特征　※多用在钢结构。

· 轻质气泡混凝土板。
· 轻质且具有保温隔热性能、防火性能优良。
· 容易施工。
· 具有透水性，应使用不燃的喷涂材料进行饰面处理。

ALC板尺寸（mm）

· 厚度…厚型板：75～180
　　　　薄型板：37～75
※楼板的板片厚度在100以上
· 宽度…300～600（作业间距为10）
· 长度…600～6000（作业间距为10）

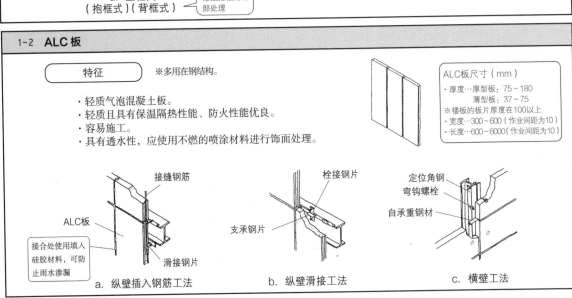

接缝钢筋

ALC板

接合处使用填入硅胶材料，可防止雨水渗漏

滑接钢片

a. 纵壁插入钢筋工法

栓接钢片

支承钢片

b. 纵壁滑接工法

定位角钢
弯钩螺栓
自承重钢材

c. 横壁工法

1-3　其他类墙

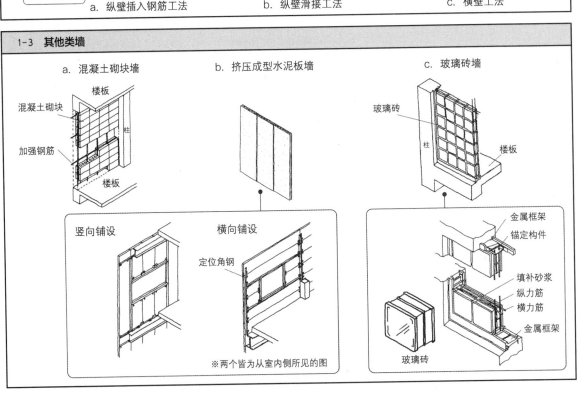

a. 混凝土砌块墙

楼板
混凝土砌块
柱
加强钢筋
楼板

b. 挤压成型水泥板墙

c. 玻璃砖墙

玻璃砖
柱
楼板

竖向铺设

横向铺设
定位角钢

※两个皆为从室内侧所见的图

金属框架
锚定构件
填补砂浆
纵力筋
横力筋
金属框架
玻璃砖

┌─ 墙壁功能（外墙）─┐

· 可防止从外墙蔓延的燃烧。

· 防止雨水渗漏。

※其他，对于居住性能，保温隔热性、隔声
性也须要求。
此外，还可考量其艺术特性。

┌─ 材料要求的性能（外墙）─┐

· 具有耐水性、防水性、耐候性。

· 具有耐火性、防火性。

· 热传导率较低，保温隔热特性较佳。

· 面对温湿度变化，不会产生伸缩。

· 强度较大，可承受强风等风压力和撞击。

· 施工简单，修补容易。　　　　　　等

2-1 直铺饰面

浇筑混凝土处理饰面时，可将成型的素材直接在饰面上任意印模。

※使用杉木板作为模板，在饰面上进行拍打，就可在表面产生材料纹理。

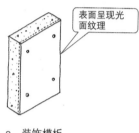

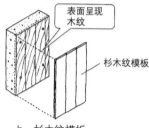

表面呈现光
面纹理

表面呈现
木纹

杉木纹模板

表面呈现粗糙
纹理

a. 装饰模板　　　　　b. 杉木纹模板　　　　　c. 斩敲

2-2 铺贴护墙板

防火性和耐久性能优良。

护墙板，可分成砖瓦（水泥）类、金属类、陶瓷类等。

※多用在木结构、钢结构的住宅等。

护墙板能承受防火认定的商品种类众多，适用在划定作为防火区域的外墙。

此外，具有多种设计，可呈现出瓦铺贴和墙面喷涂等纹理效果。

┌──────────────────┐
│ 在建筑物密集的地区，易发生火灾 │
│ 构成危险。根据建筑标准法规定， │
│ 应划定防火区域、准防火区域等。 │
└──────────────────┘

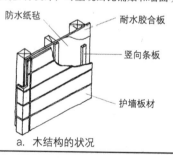
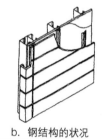

防水纸毡

耐水胶合板

竖向条板

护墙板材

a. 木结构的状况　　　　　b. 钢结构的状况

┌─ 通风工法 ─┐

在结构墙体与外装材料间，设置室外气流导流间层的工法。

· 可防止墙体内部产生结露。

· 可防止外装材料反翘。

· 可防止夏季室温升温。　　等

室外气流

室外气流　　　　　　　　　室外气流

2-3 铺贴板材

※多用于木结构。

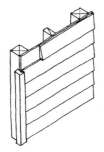

防水纸毡

条板

a. 铺贴横木墙板（条纹横板）　　b. 铺贴竖向墙板

板连接方式

◎外表涂装

　　　　企口连接

　　　　错缝连接

◎内表涂装

　　　　透缝企口连接

　　　　透缝错缝连接

2-4 涂抹砂浆

涂抹砂浆，一般使用调和容积比约为1∶2～1∶3的砂浆，
涂层厚度为2.5cm以下。

> 由于砂浆须重复涂抹，因此每次涂抹厚度原则上为7mm以下。

特征（缺点）

- 砂浆收缩和外力作用，会导致构造材料与基底材料变形、表面产生裂纹，因而导致雨水渗入，引发基底材料与结构材料的腐朽。
- 容易凸显污渍。
- 若施工不良，会造成脱落。

> 基底层为混凝土时应当防止脱落问题，将基底层表面以斩刀粗糙凿毛。

涂布时注意事项

- 不可一次涂抹过厚。

> 砂浆在干燥时会产生收缩，若涂抹过厚则易产生裂缝。

- 须保持基底层湿润。

> 基底层为混凝土时

饰面种类

- 此饰面是粗饰面

镘抹饰面	使用木镘刀将砂浆涂抹的表面抹平饰面
刷毛饰面	使用金属镘刀抹平饰面，适当地干燥后，再使用刷子将表面均匀刷粗的饰面
凿落饰面	使用粗沙作为砂浆的细骨料，将砂浆涂抹后，以锯齿状铁梳将表面凿落，形成粗饰面

- 喷涂饰面

> 犹如陶瓷般的饰面。

在砂浆涂抹的基底面上，以"喷涂瓷砖"和"彩色灰浆抹面"喷涂的饰面。

> 表面为不光滑的饰面。

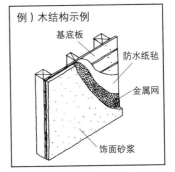

例）木结构示例

基底板

防水纸毡

金属网

饰面砂浆

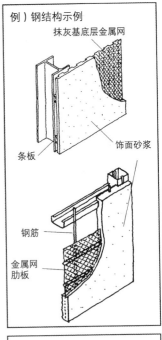

例）钢结构示例

抹灰基底层金属网

条板

饰面砂浆

钢筋

金属网肋板

> 钢筋混凝土结构可无需基底层。

多见于传统建筑的墙壁，但由于技术工人的不足现今已经难以见到。

能良好地调节湿度。

例）露柱墙示例

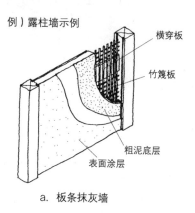

横穿板
竹篾板
粗泥底层
表面涂层
表面涂层

a. 板条抹灰墙

例）隐柱墙示例

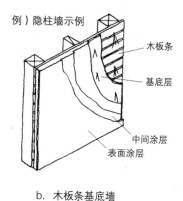

木板条
基底层
中间涂层
表面涂层

b. 木板条基底墙

◎露柱墙
壁面露柱的结构

柱

◎隐柱墙
墙壁藏柱的结构

特征

· 具有防火性、耐水性、耐久性等。

· 石材的重量较重。
⇧
应避免无规划的大量铺贴，应特别留意墙面的脱落。

石材种类

可使用下列的粗加工石材和切割石材：

· 花岗岩
· 安山岩（铁平石）
· 凝灰岩（大谷石）
· 大理石　等

铺贴石材方法

※在铺贴水磨石和人造石等的砌块成品时，应当按照铺贴石材的标准作业。

a. 湿式石材铺贴法

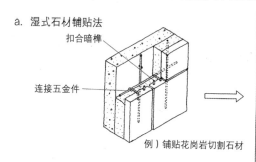

扣合暗榫
连接五金件

例）铺贴花岗岩切割石材

· 当石材的厚度较薄时，与瓷砖铺贴的方法相同。

· 当厚度较厚时，石材的叠砌应按照施工标准实施。

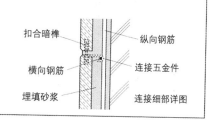

扣合暗榫
横向钢筋
埋填砂浆
纵向钢筋
连接五金件
连接细部详图

b. 干式石材铺贴法

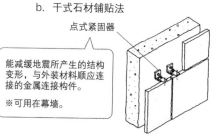

点式紧固器

能减缓地震所产生的结构变形，与外装材料顺应连接的金属连接构件。

※可用在幕墙。

· 使用点式紧固器将石材与结构体连接。

※由于大理石容易被砂浆渗入，因而多采用干式工法。

第7章　基底层与饰面　❷各部位的基底层与饰面

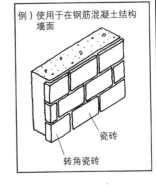

例）使用于在钢筋混凝土结构墙面

瓷砖

转角瓷砖

特征

· 耐久性较佳。
· 吸水性较低。
· 质量较轻，容易施工。
· 颜色丰富。
· 当施工未完全时，可能会产生剥落。

※可适用于内装、外装，应根据实际的使用用途和场所进行必要的选择。

瓷砖尺寸 （单位：mm）

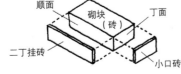

顺面　砌块（砖）　丁面

二丁挂砖　小口砖

※外装瓷砖的尺寸，由砌块尺寸来决定！

a. 小口平瓷砖
180×60

b. 二丁挂瓷砖
227×60

c. 方形瓷砖
100×100
150×150
200×200 等

d. 马赛克瓷砖
10×10
14×14
18×18 等
※55mm以下

可根据板材形状进行铺贴。 （单位：mm）
（单元铺贴）

300×300
※每片尺寸
50×100
（50二丁）

300×300
※每片尺寸
50×150
（50三丁）

200×400
※每片尺寸
50×200
（50四丁）
等之

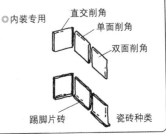

转角瓷砖

◎外装专用　　◎内装专用

直交削角
单面削角
双面削角

角隅专用　门窗位专用

踢脚片砖　瓷砖种类

瓷砖种类

	烧制成温度	吸水率	特征	主要制品
瓷质瓷砖（Ⅰ类）	约1200～1350℃	1%以下	具有透明性且质硬。轻敲会有金属质感的清脆音	· 外装瓷砖 · 内装瓷砖（寒冷地区使用） · 地板用瓷砖 · 马赛克瓷砖
炻质瓷砖（Ⅱ类）	约1100～1300℃	5%以下	没有像瓷质瓷砖具透明感，吸水性较低	· 外装瓷砖 · 内装瓷砖（寒冷地区使用） · 地板用瓷砖
陶质瓷砖（Ⅲ类）	约1050～1200℃	22%以下	质地多孔，吸水性较高轻敲为浊音	· 内装瓷砖

※应避免由于吸水而产生的冻害，外装应使用吸水率较低的瓷质瓷砖或炻质瓷砖。

接缝种类

※瓷砖的尺寸表示，包含接缝尺寸。

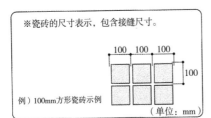

100 100 100
100

例）100mm方形瓷砖示例
（单位：mm）

a. 顺缝（通缝）

b. 错缝（破缝）

c. 英式砌法

d. 法式砌法　　等

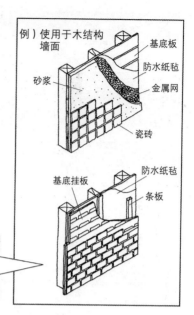

例）使用于木结构墙面

基底板
防水纸毡
金属网
砂浆
瓷砖

基底挂板
防水纸毡
条板

关于工法　※主要使用于钢筋混凝土结构

·直接铺贴工法：在混凝土表面匀铺基底层后直接铺贴的工法。
※这工法须清洁混凝土表面，并让表面湿润后，再涂抹调和容积比为1：2～1：3砂浆的铺贴方法。

　　　这砂浆称为铺贴砂浆。

·贴板工法：在瓷砖表面铺贴板材成单元后，再将单元铺贴的工法（单元式铺贴）。

·预设瓷砖模板工法：在模板内侧预设瓷砖，后再组装的工法。
※尽管可防止瓷砖剥落，但由于施工后无法修改，多采用预制混凝土（P118）。

※当使用在木结构和钢结构时，多使用砂浆基底层或瓷砖专用的基底挂板。

　　挂瓷砖专用表面凹凸不平的外挂板。
　　※现在，多用于住宅等小型建筑物。

2-8　铺贴饰面板

主要使用于室内。

木结构

在墙骨柱上设置条板，其上再铺设石膏板等。

钢筋混凝土结构

直接铺设石膏板（GL工法）

> **GL工法**
> 不用条板，而使用团块状的特殊砂浆，直接将石膏板铺粘在混凝土面。

※也有使用条板组装基底层，在其上铺贴板材的方式。但耗费工时，易造成室内空间狭小，因此多采用直接贴板方式。但是，板材张贴后就难卸下。

钢筋混凝土结构、钢结构　※使用于简易隔墙

在轻质钢结构（墙板立筋、顶滑道、底滑道等）上用螺丝固定石膏板。

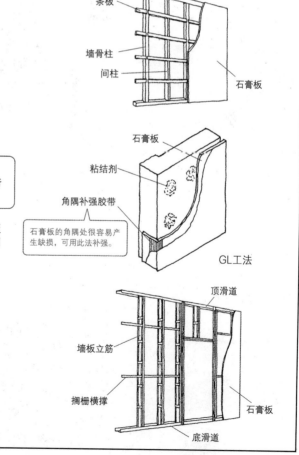

条板
墙骨柱
间柱
石膏板

石膏板
粘结剂
角隔补强胶带

> 石膏板的角隅处很容易产生缺损，可用此法补强。

GL工法

顶滑道
墙板立筋
搁栅横撑
石膏板
底滑道

楼板

楼板的性能需求

◎针对荷载的性能

能满足承载荷载的必要强度和刚度。

◎针对表面的性能

要求能适度地抵抗摩擦。

应注意易产生潮湿与光滑的材料。

> 虽然不能使用易滑材料，但使用完全不滑材料
> 也是造成腿脚疲劳的原因。

※要求应具备易清洁性、耐磨性、适当的
热传导性、吸声性与光反射特性等。

◎针对荷载与表面双方需求的性能

要求具有适当的弹性。

◎针对用途的性能

针对各种用途，适当对应的性能。

· 众人步行的楼板：耐磨性
· 室外楼板：耐久性、耐候性
· 面对用水的楼板：防水性、不易滑
· 不穿鞋步行的楼板：耐磨性、吸声性
　　　　　　　　　　　　　　　　　等

1　楼板的基底层与饰面

1-1　直铺饰面

混凝土楼板除了铺设木地板和草垫等外，饰面施工时应设基底层。

无需基底层的主要饰面示例

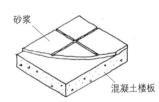

a. 涂铺砂浆饰面

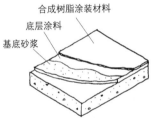

b. 涂刷合成树脂材料饰面

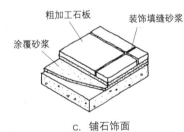

c. 铺石饰面

d. 洗砂、洗石饰面

其他，还有铺贴瓷砖和铺贴乙烯板材（贴在楼板）等
或者木结构须设基底层，在P174有说明。

1-2　铺贴板材

铺贴复合地板

主要设在日式建筑的檐廊、走廊、房间楼板等地板饰面。

尺寸：宽度：约80～150mm
　　　长度：约1.8～4m
　　　厚度：约15～18mm

材料：日本扁柏、杉树、松树等针叶树

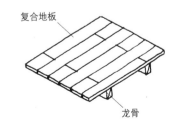

第7章　基底层与饰面　❷各部位的基底层与饰面

铺贴木地板

主要用于西式房间或西式走廊的楼板饰面。

◎木地板种类

· 单层木地板：一般使用实木材料。

> 尺寸：宽度：约120～200mm
> 　　　长度：约1.5～1.8m
> 材料：栎（橡木）、柚木、木梨、桦木等的阔叶树材

※使用实木的复合地板也是单层木地板的一种。

· 复合木地板：在胶合板表面铺贴装饰面板的地板。

※多使用300mm×1800mm大小尺寸的地板。
※复合木地板会产生翘曲和收缩等缺陷，表面的木纹和色斑也较少。

◎地板的主要连接方式

a. 错缝连接

b. 企口连接（槽舌连接）

例）木结构示例

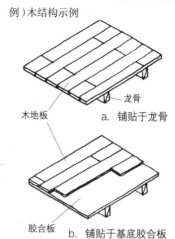

木地板　龙骨
　　　a. 铺贴于龙骨

胶合板　b. 铺贴于基底胶合板

※在混凝土楼板上架设地板骨架的情况。
　⇨ 架高木地板（P60）

> 近年来，钢筋混凝土结构的集合住宅楼板，具有针对楼板冲击声的隔断需求，因此多采用铺设地毯基底的缓冲材料后，再直接铺设木地板的方式。

例）钢筋混凝土结构示例

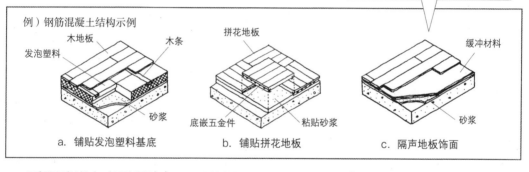

发泡塑料　木地板　木条　　拼花地板　　　　　　缓冲材料

砂浆　　底嵌五金件　粘贴砂浆　　　砂浆

a. 铺贴发泡塑料基底　　b. 铺贴拼花地板　　c. 隔声地板饰面

※采用地暖地板时，合适的地板方式。　⇨　木材受到干燥收缩，会产生翘曲与起拱。

1-3　铺设草垫

在气密性较高的住宅内，草垫地板材料所使用的稻草为螨虫滋生的成因，因此多使用合成材料草垫地板。

> 以聚苯乙烯泡沫为芯材的材料等
> ※称为风格样式草垫。

草垫铺设方式

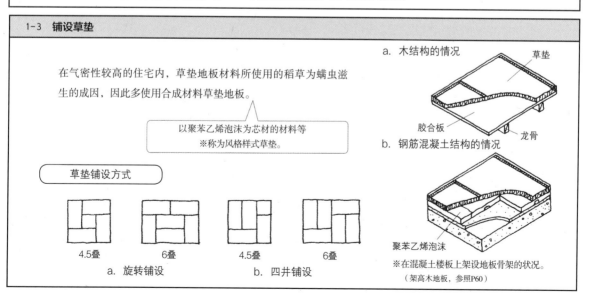

4.5叠　　6叠　　4.5叠　　6叠
　a. 旋转铺设　　　　b. 四井铺设

a. 木结构的情况

草垫

胶合板　　龙骨

b. 钢筋混凝土结构的情况

聚苯乙烯泡沫

※在混凝土楼板上架设地板骨架的状况。
（架高木地板，参照P60）

地板瓷砖与墙面瓷砖不同，一般选用防滑的种类。

特别是用在室外和被水淋湿的室内地板（厨房、卫生间等）时，应当注意！

种类	特征	尺寸（mm）
瓷质瓷砖	半透明、不具吸水性 轻敲有金属般的清脆声	・300 角（292×292） ・200 角（192×192） ・150 角（142×142） ・100 角（92×92） ・100×200 角（92×192）　等
炻质瓷砖	耐久性、 耐损性较瓷质瓷砖为差	

钢筋混凝土结构的状况

※上釉的称为"施釉"，未上釉的称为"无釉"。

`表面容易光滑。` `表面粗糙防滑。`

※瓷砖分类和吸水率，参照P170。
※烧结釉面砖的表面也会产生凸凹。

`材料特征与用途`

	特征	用途
乙烯系列	耐水性、耐酸性、耐碱性能优良 ※ 具有耐化学腐蚀特性	商业设施、学校、医疗设施、福利设施、 公共设施、工厂、办公楼、住宅等
橡胶系列	弹性、防火性、安全性 （不含有害物质）等方面优良	公共设施、商业设施、 体育设施、学校等
亚麻油毡系列	抗菌性、防静电性、 耐化学腐蚀性能优良	医疗设施、福利设施、教育设施等

※对于各种材料，应能针对合适的用途使用，除了上表外也有其他不同特征与用途的材料。

`种类`

贴面地板，可分成"瓷砖类"和"片材类"。

乙烯基瓷砖、乙烯基片材，可称为以下名称：
乙烯基瓷砖：P瓷砖
乙烯基片材：缓冲地板（CF片材）

◎铺贴瓷砖

尺寸：300mm×300mm，450mm×450mm等

◎铺贴片材　※铺贴片材，由于是卷材铺设，为了避免卷曲产生缺陷，应采用假设铺设方式。

尺寸：宽度1820mm，2000mm等

※因符合各种用途，而存在各种厚度的材料。

一般使用的厚度为2～3mm，作为减震吸收使用的厚度也须为8mm。

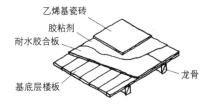

a. 木构造的状况

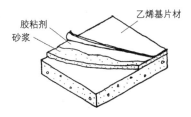

b. 钢筋混凝土结构的状况

地毯：将羊毛、麻、丝织品、合成纤维等拉毛织物（毛束）编织而成的纤维系列铺地材料。

特征

· 对于步行性、吸声性、安全性、保温性能优良。
· 对于耐污染性、防火性能等则较地板材料为差。

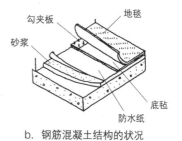

a. 木结构的状况　　　　　　b. 钢筋混凝土结构的状况

◎高架地板（隔层地板）

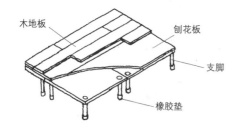

◎自由布线地板（OA地板）

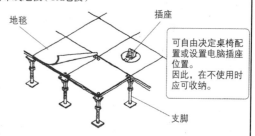

可自由决定桌椅配置或设置电脑插座位置。
因此，在不使用时应可收纳。

近年来，为了减少集合住宅内上层楼板冲击声向下层传播，而多设吸收冲击声的楼板结构。

这种地板为可利于办公室和计算机房等的地板下设备配线，可随意检查和变更的嵌板地板。

2　踢脚板

踢脚板：可防止内墙被污染，楼板材料与内墙面材相接的细部处理构件。

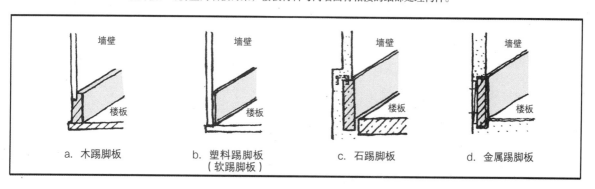

a. 木踢脚板　　　b. 塑料踢脚板　　　c. 石踢脚板　　　d. 金属踢脚板
　　　　　　　　　（软踢脚板）

顶棚

顶棚的性能需求

◎顶棚功能

· 可隐藏梁，防尘和保温隔热。
· 可确保提供设置管道、配线、配管空间。
· 可形成空气层，而获得保温隔热效果。

> 特别是设在屋顶下的顶棚，是具有效果的！

◎关于用途特性

· 厨房、飞檐顶棚：不燃性
· 浴室：耐湿性、防湿性
· 学校教室：吸声性　　等

顶棚型式

a. 平顶棚

b. 船底顶棚

c. 吊挂顶棚

d. 折顶顶棚

e. 双重折顶顶棚

1　顶棚的基底层与饰面

1-1　直接饰面

钢筋混凝土结构楼板，若有提高顶棚的需求，则应采用不设吊顶的饰面处理方式。

然而，直接饰面的顶棚，应注意会受到上层振动而从顶棚落下的尘埃，以及较差的保温隔热效果。

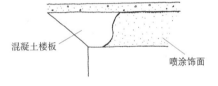

混凝土楼板

喷涂饰面

a. 直接喷涂顶棚

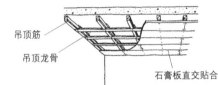

吊顶筋

吊顶龙骨

石膏板直交贴合

b. 直接铺贴顶棚

1-2　吊顶

设置吊顶，较容易获得顶棚需求的性能（上述）。

① 木结构顶棚的构造

> 若将吊顶拉杆直接与龙骨连接，则容易传递上层振动而震落灰尘，因此在檩与梁间设吊顶拉杆承梁来过渡，以支承吊顶拉杆。

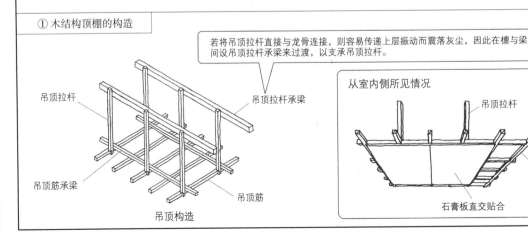

吊顶拉杆

吊顶拉杆承梁

吊顶筋承梁

吊顶筋

吊顶构造

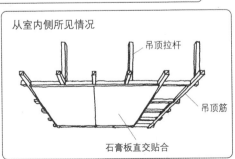

从室内侧所见情况

吊顶拉杆

吊顶筋

石膏板直交贴合

第7章　基底层与饰面　2各部位的基底层与饰面

② 钢筋混凝土结构、钢结构的顶棚构造

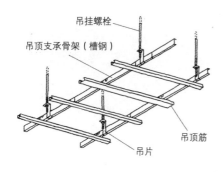

吊挂螺栓

吊顶支承骨架（槽钢）

吊顶筋

吊片

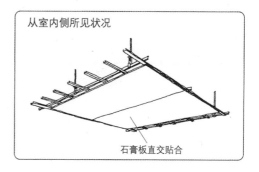

从室内侧所见状况

石膏板直交贴合

◎构件功能

·吊顶筋：铺设在顶棚的基底构件。

·吊顶支承骨架：固定吊顶筋，设在楼板下以吊挂螺栓垂吊。

◎构材间距

·吊顶筋间距：约300~450mm。

·吊顶支承骨架间距：约900mm。　⇦ 吊顶支承骨架由于以吊挂螺栓悬挂，因此与吊挂螺栓间距相等。

吊挂五金件

吊挂五金件使用在钢筋混凝土结构和钢结构。

嵌入五金在混凝土灌筑前就应埋设妥当的位置。

安装示例）

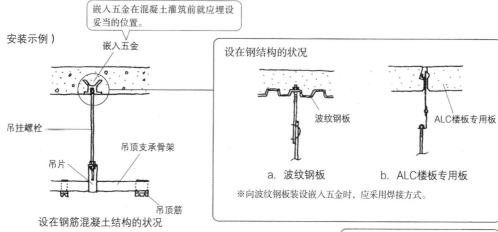

嵌入五金

吊挂螺栓

吊片

吊顶支承骨架

吊顶筋

设在钢筋混凝土结构的状况

设在钢结构的状况

波纹钢板

ALC楼板专用板

a. 波纹钢板　　b. ALC楼板专用板

※向波纹钢板装设嵌入五金时，应采用焊接方式。

◎构件功能

·吊挂螺栓：悬吊顶棚的构件。装设在楼板以嵌入五金固定。

·嵌入五金：以吊挂螺栓固定在楼板的固装构件。

◎构件间距

·吊挂螺栓尺寸：直径约9mm。

·吊挂螺栓间距：约900mm。

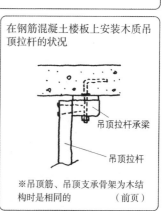

在钢筋混凝土楼板上安装木质吊顶拉杆的状况

吊顶拉杆承梁

吊顶拉杆

※吊顶筋、吊顶支承骨架为木结构时是相同的　　（前页）

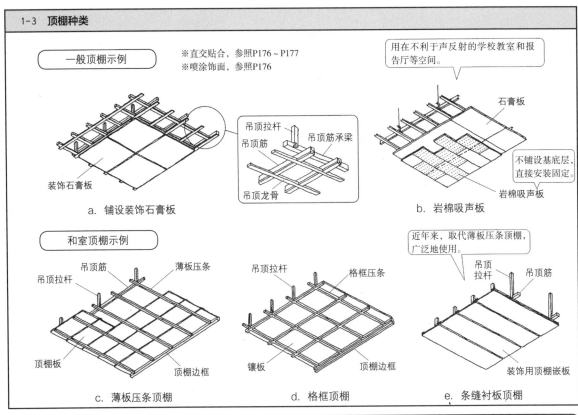

一般顶棚示例

※直交贴合，参照P176～P177
※喷涂饰面，参照P176

用在不利于声反射的学校教室和报告厅等空间。

石膏板

吊顶拉杆　吊顶筋承梁
吊顶筋
吊顶龙骨

装饰石膏板

a. 铺设装饰石膏板

不铺设基底层，直接安装固定。

岩棉吸声板

b. 岩棉吸声板

和室顶棚示例

吊顶拉杆　吊顶筋　薄板压条

顶棚板　顶棚边框

c. 薄板压条顶棚

吊顶拉杆　格框压条

镶板　顶棚边框

d. 格框顶棚

近年来，取代薄板压条顶棚，广泛地使用。

吊顶拉杆　吊顶筋

装饰用顶棚嵌板

e. 条缝衬板顶棚

系统顶棚

面对办公建筑或大型建筑的复杂设备时，可采用系统化顶棚。

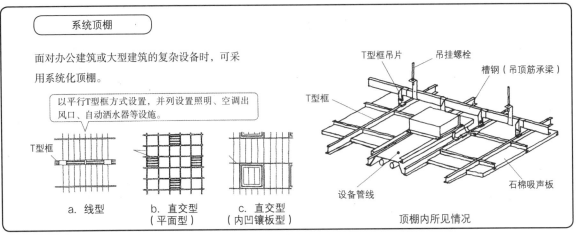

以平行T型框方式设置，并列设置照明、空调出风口、自动洒水器等设施。

T型框

a. 线型

b. 直交型
（平面型）

c. 直交型
（内凹镶板型）

T型框吊片　吊挂螺栓
T型框
槽钢（吊顶筋承梁）

设备管线

顶棚内所见情况

石棉吸声板

2　顶棚边框

顶棚边框：设在顶棚与内墙的压边连接处，可使得顶棚材料与内墙材料相互密接的构件。

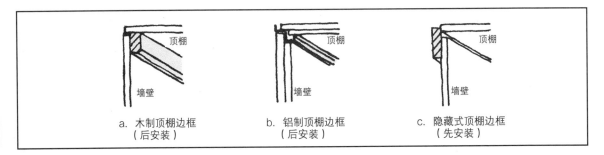

顶棚

墙壁

a. 木制顶棚边框
（后安装）

顶棚

墙壁

b. 铝制顶棚边框
（后安装）

顶棚

墙壁

c. 隐藏式顶棚边框
（先安装）

3 门窗

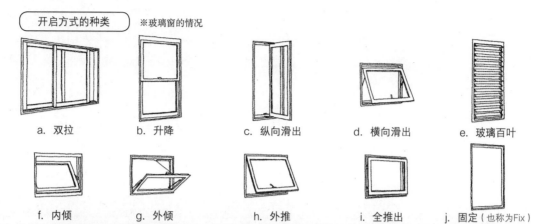

开启方式的种类　※玻璃窗的情况

a. 双拉　　b. 升降　　c. 纵向滑出　　d. 横向滑出　　e. 玻璃百叶

f. 内倾　　g. 外倾　　h. 外推　　i. 全推出　　j. 固定（也称为Fix）

1 外墙门窗

外墙门窗的性能需求

- 门窗隔扇间隙应当避免雨水渗入墙内与室内。
- 滞留在窗框内（门槛等）的水，可以容易地排出。
- 无法渗入间隙风。

※其他，也要求具有能对应室外噪声的隔声性能和保温隔热性能等。

1-1 金属门窗隔扇

金属门窗隔扇种类

有铝合金、钢、不锈钢制等的窗框、门扇、百叶窗等。

※外墙门窗，常使用金属门窗隔扇。⇦ 对于防止雨水渗漏，具有效果！

※近年来，较金属门窗隔扇导热特性为小的合成树脂窗框，也较多使用。

◎铝合金制产品特征

- 较钢制产品的强度为差。
- 耐腐蚀能力较佳。
- 气密性、水密性良好。
- 质轻。　　　　等

> 气密性：防止间隙风渗入的能力。
> 水密性：防止水渗入的能力。

（右上框图标注：顶框　上框　竖框　边框　底框　泄水板）

安装金属门窗隔扇的部位与细部处理

a. 装设在木结构的状况　　b. 装设在钢结构的状况　　c. 装设在钢筋混凝土结构的状况

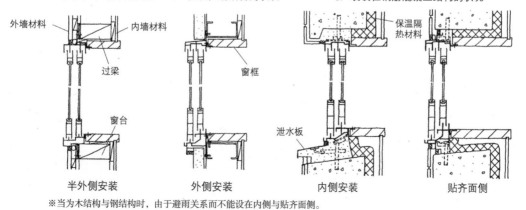

外墙材料　　内墙材料　　过梁　　窗台　　窗框　　保温隔热材料　　泄水板

半外侧安装　　外侧安装　　内侧安装　　贴齐面侧

※当为木结构与钢结构时，由于避雨关系而不能设在内侧与贴齐面侧。

近年来，尽管使用木制门窗隔扇已日渐减少，但设计的构思还是被用于日式住宅和新式住宅中。

木制门窗隔扇特征

· 木材较金属的热传导特性为低，具有保温隔热特性。
　※玻璃面会传热，而双重玻璃是具有保温隔热效果的。
　※门窗隔扇框与隔扇间隙，若留意，可防止间隙风。

· 不易结露。

· 木材容易产生翘曲
　※生产制造门隔扇时，应当要求不产生翘曲。

其他，须要求不渗漏雨水的处理。

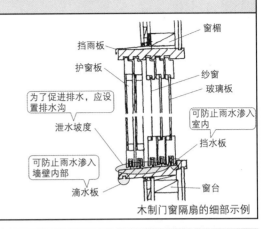

窗楣
挡雨板
护窗板
纱窗
玻璃板
为了促进排水，应设置排水沟
可防止雨水渗入室内
泄水坡度
挡水板
可防止雨水渗入墙壁内部
滴水板
窗台

木制门窗隔扇的细部示例

2　内墙门窗

内墙门窗的性能需求

· 内墙门窗较多重视设计。

· 具有透光的玻璃门，和可透气的百叶门等。

· 在日式房间内，一般使用日式隔扇和拉门。

※可参照露柱墙的各部位名称与细部处理（P185）。

例）单侧开门的情况

顶框
楣窗
门弓器
合页
边框
门把手

2-1　木制门隔扇的名称与骨架

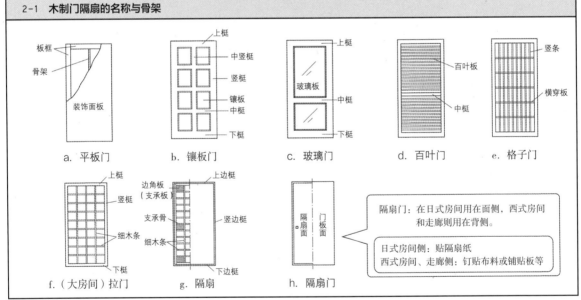

板框
骨架
装饰面板
a. 平板门

上梃
中竖梃
竖梃
镶板
中梃
下梃
b. 镶板门

上梃
玻璃板
中梃
下梃
c. 玻璃门

百叶板
中梃
d. 百叶门

竖条
横穿板
e. 格子门

上梃
竖梃
细木条
下梃
f.（大房间）拉门

边角板（支承板）
竖边框
支承骨
细木条
上边框
下边框
g. 隔扇

隔扇面　门板面
h. 隔扇门

隔扇门：在日式房间用在面侧，西式房间和走廊则用在背侧。

日式房间侧：贴隔扇纸
西式房间、走廊侧：钉贴布料或铺贴板等

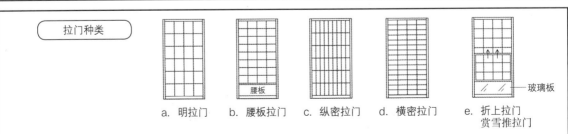

拉门种类

a. 明拉门

腰板
b. 腰板拉门

c. 纵密拉门

d. 横密拉门

玻璃板
e. 折上拉门
赏雪推拉门

	单侧开、双侧开、双向开	错对拉、单拉、并对拉、隐藏推拉	外推、内倾	升降
开启方式	◎侧开 双侧开 单侧开 ◎双向开 室内 外开 / 室内 内开	◎错对拉 ◎单拉 ◎并对拉 ◎隐藏推拉	◎外推 △顶棚 室内 ▽楼板 ◎内倾 △顶棚 室内 ▽楼板 ※剖面图	◎升降 △顶棚 室内 ▽楼板 ※剖面图
支承功能	合页 枢轴合页 地铰链 滑动五金件	导轨 门窗隔扇的荷载由上侧构件承载 上吊挂滑轮 ※当门窗隔扇较大或较重时，所悬挂的门开关重量要轻。 门窗隔扇的荷载由下侧构件承载 门窗滑轮 导轨		平衡器 可减轻窗户升降开关的重量，须埋设在框内。
握持功能	压杆门把 圆形门把	门拉 拉手 旋转拉手	月牙锁（拉手与门锁并用）	把手
锁合功能	箱型把锁 平插门（主要用于子母门） 喇叭锁 圆插门（主要用于子母门） 门闩	月牙锁 拧合螺栓 箱型暗锁 拉门暗锁	门窗钩扣 卡锁 凸扭把扣 月牙锁 长插销把锁（拉手与门锁并用）	卡锁 月牙锁
开角调整	门弓器 门挡 调整器	除了表中内容外还有其他，应根据功能和设计进行选择	推拉支杆（内倾） 突出棒	

第7章 基底层与饰面 ❸门窗

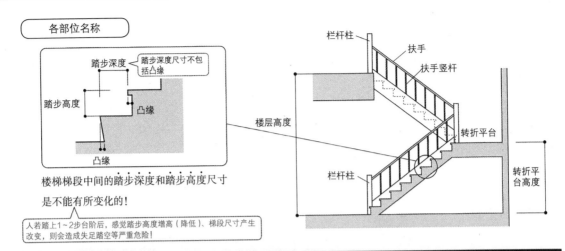

4 楼梯

各部位名称

踏步深度
踏步深度尺寸不包括凸缘
踏步高度
凸缘
凸缘

楼梯梯段中间的踏步深度和踏步高度尺寸

是不能有所变化的！

人若踏上1~2步台阶后，感觉踏步高度增高（降低）、梯段尺寸产生改变，则会造成失足踏空等严重危险！

栏杆柱
扶手
扶手竖杆
楼层高度
转折平台
栏杆柱
转折平台高度

---

1 楼梯饰面

① 饰面

若在楼梯上踏空或滑到，会造成严重事故，设计施工时应当仔细慎重。

饰面的性能需求

- 防滑。
- 不易裂。
- 少磨损。
- 不剥落。　　等

饰面采用的材料

- 木板（铺地板等）
- 地毯
- 瓷砖
- 水磨石　　等

> 水磨石
> 像大理石般的人造石饰面

② 细部处理

※由于木楼梯本身也为结构构造，因此饰面可予以省略。（参照P63）

楼梯细部

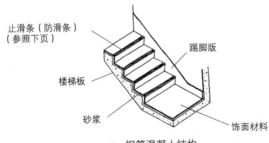

止滑条（防滑条）（参照下页）
踢脚版
楼梯板
砂浆
饰面材料

a. 钢筋混凝土结构

侧梁（钢板）
饰面材料
止滑条（防滑板）
级高板（钢板）
踏面板（钢板）

b. 钢结构

扶手细部

设置扶手的高度，应根据使用者的状况来进行考量。

※在养老幼保福利建筑设施中，由于使用者的身高存在较多差异，因而应在70cm与90cm处设置2段式扶手。

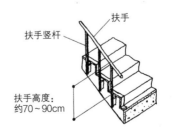

扶手
扶手竖杆
扶手高度：约70~90cm

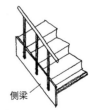

侧梁

③ 止滑条

止滑条：为了楼梯防滑，而在踏面突端所设置的凹凸五金条或浅槽沟。

※止滑条不能浮起、滑动，应当结实地固定。

> 止滑条种类

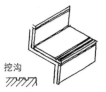

贴装	埋设	挖沟	铺贴专用瓷砖
a. 金属、乙烯树脂 （防滑材料）	b. 橡胶、金属	c. 石、木	d. 瓷砖 （踏面突端瓷砖）

> 主要用途与楼梯尺寸 【令23条、令24条】

楼梯用途		楼梯宽度 转折平台 宽度(cm)	楼梯		转折平台
			踏步高度尺寸	踏步深度尺寸	转折平台高度
（1）	小学的儿童使用	≥ 140	≤ 16	≥ 26	≤3m
（2）	中学、大学、中等教育学校的学生使用	≥ 140	≤ 18	≥ 26	转折平台 3m以内 超过3m
	剧场、电影院、娱乐厅、展览厅、会堂、 集会场的顾客使用　　等				
（3）	上层居室的楼地板面积和≥ 200m² 的 地上层使用　　等	≥ 120	≤ 20	≥ 24	≤4m
（4）	（1）～（3）以外的住宅楼梯	≥ 75	≤ 22	≥ 21	转折平台 4m以内 超过4m
（5）	住宅（除共同住宅的共用楼梯外）	≥ 75	≤ 23	≥ 15	
（6）	室外楼梯	≥ 60	转折平台宽度、踏步高度、踏步深度、 转折平台高度适用（1）～（5）的各数值		

※踏步高度、踏步深度尺寸，在梯内不得任意变更！

> 转折楼梯的踏步级深尺寸

从踏步级深最窄处，丈量30cm宽的位置，量测级深。

> 直跑楼梯的平台深度

平台深度应为1.2m以上。

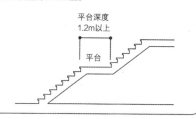

> 梯阶、平台宽度

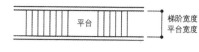

a. 扶手离墙为10cm以下时

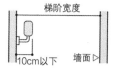

相当于未设
扶手

b. 扶手离墙超过10cm时

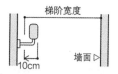

从扶手外侧边向
内侧起量10cm处
起始，量测至相
对侧墙壁的宽度。

※若柱外突时，以内侧尺寸作为测量尺寸。

5 和室（日式房间）

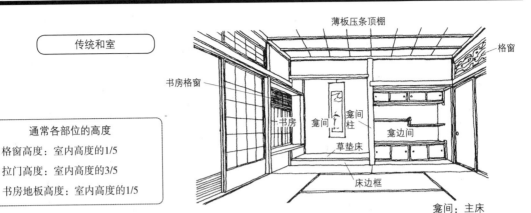

传统和室

薄板压条顶棚

格窗

书房格窗

书房

龛间柱

龛间

龛边间

草垫床

床边框

龛间：主床

通常各部位的高度

格窗高度：室内高度的1/5

拉门高度：室内高度的3/5

书房地板高度：室内高度的1/5

1 各部位名称

例）主床

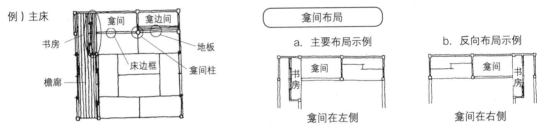

书房

床边框

檐廊

龛间

龛边间

地板

龛间柱

龛间布局

a. 主要布局示例

龛间

书房

龛间在左侧

b. 反向布局示例

龛间

书房

龛间在右侧

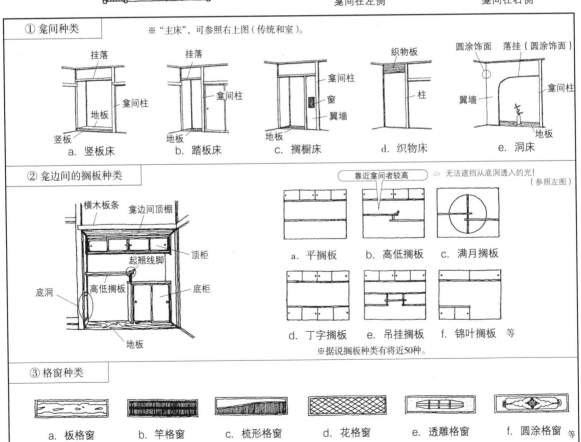

① 龛间种类　　※ "主床"，可参照右上图（传统和室）。

挂落

龛间柱

地板

竖板

a. 竖板床

挂落

龛间柱

地板

b. 踏板床

龛间柱

窗

翼墙

地板

c. 搁橱床

织物板

柱

地板

d. 织物床

圆涂饰面　落挂（圆涂饰面）

翼墙

龛间柱

地板

e. 洞床

② 龛边间的搁板种类

横木板条

龛边间顶棚

起翘线脚

底洞

高低搁板

顶柜

底柜

地板

靠近龛间者较高　⇦ 无法遮挡从底洞透入的光！
（参照左图）

a. 平搁板　　b. 高低搁板　　c. 满月搁板

d. 丁字搁板　　e. 吊挂搁板　　f. 锦叶搁板　等

※据说搁板种类有将近50种。

③ 格窗种类

a. 板格窗　　b. 竿格窗　　c. 梳形格窗　　d. 花格窗　　e. 透雕格窗　　f. 圆涂格窗　等

2-1 柱

由于和室的柱在室内外露，因此柱角部位要处理倒角。

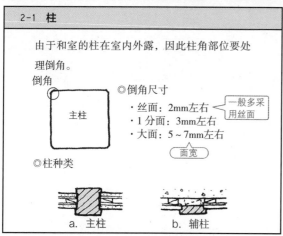

倒角

主柱

◎倒角尺寸
· 丝面：2mm左右
· 1分面：3mm左右
· 大面：5~7mm左右

一般多采用丝面

面宽

◎柱种类

a. 主柱

b. 辅柱

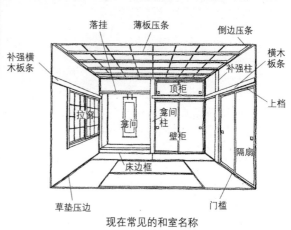

落挂　薄板压条　倒边压条
补强横木板条　横木板条
补强柱
顶柜
拉窗　龛间柱　龛间
壁柜
床边框
隔扇
草垫压边　门槛
上档

现在常见的和室名称

2-2 室内门窗

门窗一般多设成双拉门或单拉门。

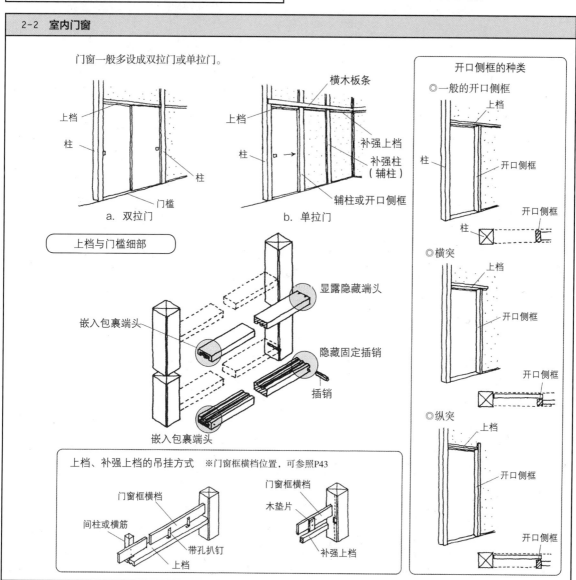

上档
柱
柱
门槛

a. 双拉门

横木板条
上档
补强上档
补强柱（辅柱）
柱
辅柱或开口侧框

b. 单拉门

上档与门槛细部

嵌入包裹端头
显露隐藏端头
隐藏固定插销
插销
嵌入包裹端头

上档、补强上档的吊挂方式　※门窗框横档位置，可参照P43

门窗框横档
间柱或横筋
带孔扒钉
上档

门窗框横档
木垫片
补强上档

开口侧框的种类

◎一般的开口侧框
上档
柱
开口侧框
开口侧框
柱

◎横突
上档
开口侧框
开口侧框

◎纵突
上档
开口侧框
开口侧框

第7章　基底层与饰面　**5** 和室（日式房间）

185

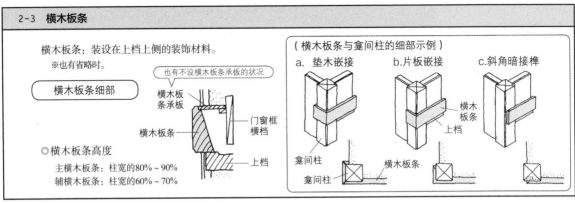

横木板条：装设在上档上侧的装饰材料。

※也有省略时。

横木板条细部

也有不设横木板条承板的状况

横木板条承板

横木板条

门窗框横档

上档

◎横木板条高度

主横木板条：柱宽的80%～90%
辅横木板条：柱宽的60%～70%

（横木板条与龛间柱的细部示例）

a. 垫木嵌接　　b.片板嵌接　　c.斜角暗接榫

横木板条

上档

龛间柱

龛间柱

横木板条

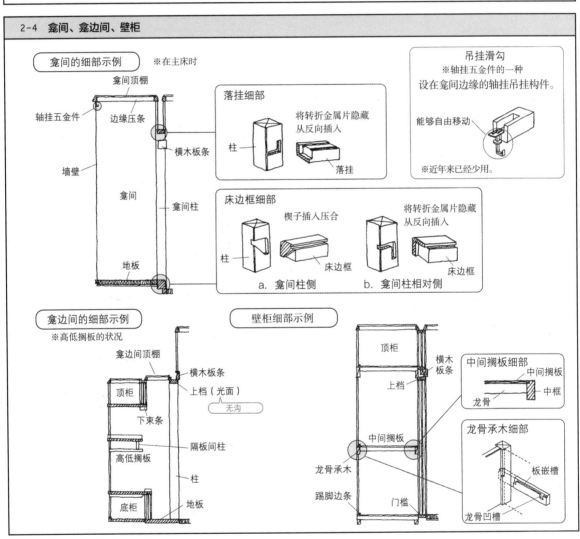

龛间的细部示例　※在主床时

龛间顶棚

轴挂五金件

边缘压条

横木板条

墙壁

龛间

龛间柱

地板

落挂细部

将转折金属片隐藏从反向插入

柱

落挂

床边框细部

楔子插入压合

将转折金属片隐藏从反向插入

柱

床边框

床边框

a. 龛间柱侧　　b. 龛间柱相对侧

吊挂滑勾

※轴挂五金件的一种
设在龛间边缘的轴挂吊挂构件。

能够自由移动

※近年来已经少用。

龛边间的细部示例

※高低搁板的状况

龛边间顶棚

顶柜

下束条

高低搁板

底柜

横木板条

上档（光面）

无沟

隔板间柱

柱

地板

壁柜细部示例

顶柜

中间搁板

龙骨承木

踢脚边条

横木板条

上档

门槛

中间搁板细部

中间搁板

中框

龙骨

龙骨承木细部

板嵌槽

龙骨凹槽

墙角地板细部

露柱墙的和室内，由于要露出室内柱，
因此在地板与墙壁间须留设间隙。
在房间内设"草垫压边"连接，壁橱内
则设"踢脚边条"。

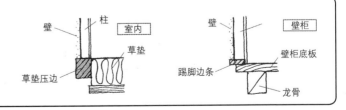

柱

壁

室内

草垫

草垫压边

壁

柱

壁柜

壁柜底板

踢脚边条

龙骨

◉ 参考文献

1) 日本建築学会『構造用教材』1995
2) 日本建築学会『建築材料用教材』2006
3) 鈴木秀三編『[図解] 建築の構造と構法』2005、井上書院
4) 建築構造システム研究会編『図説テキスト 建築構造―構造システムを理解する』1997、彰国社
5) 建築図解事典編集委員会編『図解事典 建築のしくみ』2001、彰国社
6) 「建築知識」2007年4月号、エクスナレッジ
7) 日本建築学会『木質構造設計規準・同解説―許容応力度・許容耐力設計法』2006
8) 日本建築学会『鉄筋コンクリート造配筋指針・同解説 2003』2003
9) 日本建築学会『建築工事標準仕様書・同解説 JASS 5 鉄筋コンクリート工事 2003』2003
10) 日本建築学会『壁式構造関係設計規準集・同解説 (壁式鉄筋コンクリート造編) (メーソンリー編)』2003
11) 日本建築学会『プレキャスト鉄筋コンクリート構造の設計と施工』1999
12) 日本建築学会『鋼構造設計規準』2005
13) 〈建築のテキスト〉編集委員会編『初めての建築一般構造』1996、学芸出版社
14) 元結正次郎・坂田弘安・日浦賢治ほか著『初学者の建築講座 建築構造』2004、市ヶ谷出版社
15) 内田祥哉編著『建築構法』2001、市ヶ谷出版社
16) 大塚常雄『木造建築技術図解』1977、理工学社
17) 小林一元・高橋昌巳、都氏喜彦、宮坂公啓『木造建築用語辞典』1997、井上書院
18) 浅野清昭『図説 やさしい構造設計』2006、学芸出版社
19) 和田章・古谷勉『最新建築構造設計入門 新訂版―力学から設計まで』2008、実教出版
20) 市之瀬敏勝『建築学の基礎② 鉄筋コンクリート構造』2000、共立出版
21) 江尻憲泰『110のキーワードで学ぶ 世界で一番やさしい建築構造』2008、エクスナレッジ
22) 大野隆司『110のキーワードで学ぶ 世界で一番やさしい建築構法』2009、エクスナレッジ
23) 内田祥哉・深尾清一監修『図解 建築工事の進め方 新版 鉄筋コンクリート造』2006、市ヶ谷出版社
24) 藤本盛久・大野隆司『図解 建築工事の進め方 新版 鉄骨造』2006、市ヶ谷出版社
25) 松本進『図説 やさしい建築材料』2007、学芸出版社
26) 建築材料教科書研究会編著『建築材料教科書』2006、彰国社
27) 佐治泰次編著『改訂 建築材料』2000、コロナ社

(※1) ～6) は主として作図参考文献)

◉ 感谢

本书承蒙多方指导而得以完成。

特别地，有幸得到松尾伯方先生众多指导与意见提供，在此深表谢意。

此外，本书也受到湖东学院信息建筑专科学校的一般构造课程印刷基金的支助。课程受到了副校长平岛广幸先生的支持，借此机会也表达谢意。

其次，本书的参考文献引用众多他人的文献与资料，在此也诚挚地表达谢意。

本书得以出版也获得了相当多的宝贵意见，在此也对学艺出版社的村田让先生与村井明男先生表达诚挚地谢意。

2009年10月　著者

◉ 作者

今村仁美

1969年出生，修成建设专业学校毕业。二级建筑师。1995年创设主持IMAGE工作室。

1997～2000年为修成建设专业学校兼任讲师，1999年关西DESIGN造型专业学校兼职讲师，2000～2008年湖东学院的信息建筑专科学校兼职讲师。

著作（合著）有《图与模型解读木构造》（辻原仁美著，学艺出版社，2001）、《图解建筑法规》（学艺出版社，2007）、《图解建筑环境》（学艺出版社，2009）。

田中美都

1973年出生，早稻田大学理工学部建筑学本科、研究生毕业。一级建筑师。1997～2004任职于铃木了二建筑计划事务所。2006年时与田中智之合作主持TASS建筑研究所。

著作（合著）有《图解建筑法规》（学艺出版社，2007）、《图解建筑环境》（学艺出版社，2009）。

绘制本书插图。